奇特的传染

群体情绪是怎样控制我们的

[美] 李 · 丹尼尔 · 克拉韦茨 著
(Lee Daniel Kravetz)
刘晓艳 译

中信出版集团 | 北京

图书在版编目（CIP）数据

奇特的传染：群体情绪是怎样控制我们的 /（美）李 · 丹尼尔 · 克拉韦茨著；刘晓艳译 . -- 北京：中信出版社，2019.7

书名原文：Strange Contagion: inside the surprising science of infectious behaviors and viral emotions and what they tell us about ourselves

ISBN 978-7-5217-0597-3

Ⅰ . ①奇… Ⅱ . ①李… ②刘… Ⅲ . ①情绪—心理学—通俗读物 Ⅳ . ① B842.6-49

中国版本图书馆 CIP 数据核字（2019）第 093455 号

奇特的传染——群体情绪是怎样控制我们的

著　　者：[美] 李 · 丹尼尔 · 克拉韦茨
译　　者：刘晓艳
出版发行：中信出版集团股份有限公司（北京市朝阳区惠新东街甲 4 号富盛大厦 2 座　邮编　100029）
承 印 者：中国电影出版社印刷厂

开　　本：880mm × 1230mm　1/32　　印　　张：8.25　　字　　数：142 千字
版　　次：2019 年 7 月第 1 版　　印　　次：2019 年 7 月第 1 次印刷
京权图字：01–2019–1939　　广告经营许可证：京朝工商广字第 8087 号
书　　号：ISBN 978–7–5217–0597–3
定　　价：48.00 元

献给亚历克和克罗艾，

我们彼此传染。

目录

自　序

我以写故事为生。作为一名科学作家，当我在寻找自己想要的故事时，我实际上是在寻找一些特质：理解人类的行为且对人类的行为进行分类的努力，面临高风险、道德困境、个人罪责问题的独特人物，直面对手的英雄，以及时常出现的命悬一线的情况。

2009 年，这些特质自己显现出来了，并在 25 平方英里[①]的范围内扩散，很快就被描述成硅谷的标志。而在这之前，硅谷被誉为科技先驱的故乡，里面会集着众多的偶像，既有巨大的财富，也有酝酿某种变革的理想环境。加州的帕洛阿尔托镇处于一场非比寻常的心理危机之中，因为同一所高中的许多学生在一段较为集中的时间里相继自杀。他们之间并没有什么约定，在大多数案例中，孩子们甚至彼此都不认识。更令人困惑的是：至少从表面上看，这些孩子拥有一切有利的条件，生命中并没有什么缺憾：

① 1 平方英里约为 2.59 平方千米。——编者注

他们都来自充满爱的家庭和富足的环境。每个人都很受欢迎、备受重视、才华横溢，也十分快乐。他们还在全美排名最前的公立学校接受良好的教育。然而，尽管这样，在这些适应能力相对较强的人的头脑中，还是有一些事情发生了变化，使他们毫不犹豫地选择走到正在奔驰的通勤火车前。

不同于以往我所追求的叙事方式，这一次，这个风险是我个人的。我采访的人都是我的邻居。而撞死学生们的火车离我的公寓只有不到 5 分钟的路程，我感受到了整个街区弥漫的悲痛之情，也看到了整个小镇的人都迫不及待地想弄明白为什么会发生这种事情。同时还有我自己的担忧，以及我与日俱增的好奇心。

他人通过可捕捉的思想、情感、行为影响我们生活的方式，即社会传染，而通过社会传染来检视这些事件，是在这些事件发生时唯一可以理解并描述事件的方法。然而，学习这种理解并描述社会传染的语言，首先就要求我重新定义传染，并不被它的字面含义吓到。我在寻找答案的过程中对流行病学家加里 · 斯卢特金有了深入的了解，从他那里，我学会了用中立的态度看待社会传染现象。事实上，他说，社会传染会导致积极和消极的后果。他提醒我说，社会传染的意图在监督之下是不成立的，而且好与坏也并非科学词语。他认为，我们的工作就是深入了解社会传染以及它所影响的每一件事，比如我们养育子女、参加商务活动、拓宽思路、教育年轻人、照顾病人——为的就是我们尽自己所能来提高幸福感。

社会传染科学提出：影响是通过观察传播的。传染的暗示和线索遍布于环境中，并贯穿于人们口头和书面文字中。因此，讲述这场悲剧，就意味着为声称要照亮和保护人们免受传染的一切事物创造一个潜在的媒介。我该怎么写一些不该写的东西，而又不增加别人发现它的风险呢？

于是，我决定进行细致深入的调查，并保证客观地报道和合理地同情。我遵守由美国卫生局局长和宾夕法尼亚大学安纳博格公共政策中心提出的记者的职业操守，避免过度夸张事实。我既没有把受害者描述成烈士，也不想唤起他们亲人的惨痛回忆。我之所以这样做，是因为我很早就意识到，硅谷的这一特殊事件不是关于某个特定的个人的，而是关于一个集体的。然而，值得庆幸的是，只有极少数人曾经历过这种群发性自杀悲剧，但是我们每个人都可以看到社会传染潜移默化地影响着我们的日常生活：我们只需要看一下股票市场的情绪，便可以看到贪婪是可以传染的，或者统计一下校园枪击事件的数量，就可以看到暴力的传染力。个人动力、幸福，甚至我们与生俱来的慷慨、勇气和职业道德，都能像流感一样传染给他人。从耶鲁大学到国防部，研究人员们投入数百万美元来理解和研究这门科学，因为社会传染潜移默化地影响着我们生活中包括从记忆到情绪等方方面面，而且往往就潜伏在我们的潜意识中。我自己所做的调查已经成了一个让人难以抛诸脑后的例子，它告诉我们风险有多高。我调查的目的不是弄清楚这些事情为什么对我们所有人来说都很重要，而是要理解这些事情到底怎样影响着我们。

在讲述帕洛阿尔托的故事时，我希望能更好地理解我们每个人是如何真正地彼此联系在一起的，尽管人与人之间存在着天然的地理边界。通过揭示这个社会传染在很大程度上是隐秘的，但非常普遍，我们认识到这些社会传染的重要性，以及它们对我们生活轨迹的影响。我们学会了如何防范像癔症和恐惧这些有害情绪形成的社会传染，也开始懂得如何把幸福、坚韧这种健康的情绪传播出去。为了创造我们想要的那种关系、社区和文化，就要获得指导它们的能力。

鉴于思想的传染性、最微妙的情绪的附着性、他人行为的传递性，发生在这个世界上最具创新、新观念层出不穷的小城镇的一系列事件，将推动我们更好地评估那些影响我们的隐性力量，让我们深入理解自己宣扬的东西。最终，我希望，硅谷的这个故事将在一个对个人责任感要求如此之高的世界里，将一种可感染的个人责任感传播出去。

第一部分

自杀的
阴影之谷

“第二节，和第一节一样。”

——传统

第一章

硅谷高中生自杀事件

我们搬进新公寓已有一周了。此时，我的妻子怀着6个月的身孕，身着绿松石色宽松衬衣，剪短了头发，正在阳台上摆弄各种陶瓦花盆。我在客厅将搬家时用的硬纸箱分别压平、折好。在过去的10年里，我已经完全能胜任这项常规的打包和拆包的工作了。在我们夫妻俩二十几岁的时候，因为工作、读研、旅游抑或机遇等原因不停地搬家，在波士顿、纽约都住过，在巴尔的摩住过一阵子之后，又在旧金山旅居了15个月。为了更好地生活，我和妻子决定在2009年安定下来，开始经营我们长期稳定的家。我妻子找到一份在城郊的工作。自由的科学专栏作家的身份让我从不囿于任何特定的地方，因此，我妻子在谷歌的工作意向也让我们从新潮的教会区搬到了寂静的帕洛阿尔托小镇。

一阵救护车的鸣笛声在一英里[①]开外的地方就响起来了。紧随其后的是一阵急促的鸣笛声。我妻子的目光穿过阳台栏杆，随

① 1英里约为1.61千米。——编者注

即说："也不知道那边发生什么事了。"我刚刚在厨房煮好我的清晨咖啡，端着杯子走向她站着的阳台，说："那附近一定出了什么事故。"

即使在初夏气温还不太高的时候，我也能听见楼下车流拥堵的声音。从我们的公寓大楼望去，枫树林阻隔了胡佛塔在斯坦福大学校区上空的部分景观。斯坦福大学作为这一地区着粉色调的地标，吸引了不少有才华、头脑灵活、能出点子、在创造梦想方面颇有天赋的俊才。在我们住所楼下，车辆沿着国王大道聚集，汇集在东边的车辆沿着俄勒冈州高速公路向州际公路开去。红绿灯依次循环闪烁着，车辆却丝毫没有挪动。一架直升机盘旋在空中，轰然而过。

那天晚上晚些时候，我在网上了解到交通拥堵是由于一场意外事故。这起事故并不是发生在公路上，而是发生在附近的加州火车轨道上。事故导致火车线路中断运营几个小时。被耽搁在路上的乘客竞相换乘其他交通工具赶去上班，从而引发了各路段一连串非常糟糕的交通拥堵。当我正在公寓里拆解整理包装箱时，一名就读于附近甘恩中学的初中生让–保罗·"韩–魏"·布兰查德正离开校园。他沿着阿斯特拉德罗街，路过几十家干净整洁、粉刷着鲜艳色彩的房屋，又穿过宽阔的国王大道，在大白天，就沿着铁轨不避不让地往前走。

尽管我们在镇子上住了还不到一周，但我还是很确信一列火车在硅谷撞死一名本地学生是多么不同寻常。在硅谷这个地方，无论是大学教授、科学家、作家，还是投资人和有着雄心壮志的企业家们，都能将智慧的光芒和人们认可的疯狂呈现在一条并行不悖、同步运行的轨迹上。

考虑到这个男孩就读的这所独特的学校，这则消息就显得格外不同寻常了。就学业评估而言，相比该地区所有其他学校的学生，甘恩中学的学生是最优秀的。尤其是在过去的 5 年里，甘恩中学比全国 90% 的学校还拥有更多的全国优秀学生奖学金竞赛半决赛选手。近期，该校半数学生参加了将近 2 000 门大学学分的先修课程考试。按 1~5 分制计分方式，93% 的学生能达到 3 分甚至更高。这些都是镇子上的人，尤其是那些专门搬到这里的人津津乐道的事实，他们之所以搬到这里，为的就是让孩子能在公立学校教育体系中占据优势。

但是这几天，对学业方面连篇累牍的赞扬之词都已经终止了。当地报纸上简短的新闻采访片段和段落都在报道这名男孩死亡的离奇故事。人们谈论此事一段时间后就回归了各自的正常生活，我也重新开始了整理包装箱的工作。

在布兰查德自杀后的三周里，加州铁路线上的所有火车都收到了停运的紧急命令。客运列车沿各自路线站点在夜间停运。圣克拉拉县验尸官在调查的似乎是甘恩中学附近同一段铁轨上的另一具尸体。

媒体在桑娅 · 瑞梅克尔死后几个小时就报道了这一事件，并透露官方已经找到了她的尸体。桑娅是一名即将毕业的高中生，今年秋天准备参加纽约大学的著名戏剧项目。镇上的人纷纷开始猜测她的自杀动机。人们将矛头指向本地区的学业压力，这种压力形成的氛围不仅是本地区学生最常见的负担，是造成桑娅自杀的原因，也是本地区无论如何都只可意会不可言传的成功格言。人们认为这是还未确诊或秘而不宣的精神疾病产生的效应。他们认为这是盲目效仿者的行为。

在成长过程中，人们都听过孩子死于自杀这种事情，但通常，这些悲剧都是孤立存在的，在与外界隔绝的情况下发生，还可能作为家庭私事秘而不宣。然而，这两起事件，都以令人难以置信的公开方式发生，还使得公众舆论哗然和反思。我并不太了解自杀想法的悲哀，但我却忍不住想知道这两名自杀的孩子之间是否存在什么联系。还有，解读这些悲剧时刻可能仅仅是尝试着将不合理的东西合理化的一种方式。

我虽然相对这个社区其他人来说还只是个新人，对于孩子自杀这种悲痛的事情也只是个旁观者，但我发现自己还是陷入了震惊之中。同时，我的置身事外也赋予我某种视角。我并不完全知道什么是此事件的动力或根源，只是观察着这个镇子对这次波动的承受力。相反，镇子上的人还是围着日常琐事转，依靠日常生活的轨迹从这一事件的打击中定下心来。没人能忍受这种关联扰乱他们的内心。

坦白说，我也不能忍受。我即将成为一个父亲。此时我最紧迫的事情是必须打造一间婴儿房。我设计了一些插画，用蓝丝带把图片都挂在墙上。还爬上梯子，在厚厚的窗帘布上嵌上金属圈。我站在像散了一地火柴一样零散的白色婴儿床零件前，不知道如何能看懂说明书，也不知道该如何将这些零件组装起来。

第 二 章

他们是在模仿吗？

我儿子刚一出生，我就把他裹在轻薄的毯子里，放到妻子温暖的臂弯中。在未来的三个月里，他多半都会待在这里。

我们的孩子很依恋我妻子。他总是凝视着她的脸庞，眼睛睁得大大的看着妻子，看着她的嘴巴露出大大的微笑。他就像是在一场聊天中回应她，也把眼睛睁得大大的，嘴巴也模仿着妻子的微笑。

在我们和我们的儿子初次相处的时刻，我们对于子宫之外的理解有赖于我们对镜像的本能反应。人类生来就能接受和观察周围的线索，能懂得幸福、恐惧、悲伤的表现，与别人相处时能营造和谐的氛围。查尔斯·达尔文在撰写《人类和动物的表情》时，就观察了人类面部的共同构造。他发现，无论年龄、种族还是性别，人们会像他们观察到的某一个人一样，表达出相同的思想状态和心境。尽管每个人都是独一无二的，但是人们在微笑、皱眉、做鬼脸甚至是面部抽搐时都带有普遍的共性。表情能为识别提供线索，能激发我们相似的同理心反应。引人注目的是，镜像他人的机制发生得如此之快，如此无意识，以至于我们几乎觉察不到。社会心理学家伊莱恩·哈特菲尔德将此归因于由我们群体中无意识的模仿者所引发的一种自动协调。我们利用大脑存储的来自周围世界最微小表情反应的时刻，来激发最原始的反应和校准过程。

我看着我的孩子，他的小脸周围环绕着月白色的毯子，眼睛像老式的镍币一样是灰色的。他的大脑就像被连接起来注册了一种中枢神经无线网络，能从旁人那里无意识地挑选线索。通过一系列的镜像神经元，小脑杏仁核能立即对面部表情提示做出反应，产生一种要模仿它认为看到的精神反应。

当我们还在为为什么两个年轻的孩子结束了自己的生命迷惑不解时，看着我的孩子和他周围的环境饶有兴致地进行交流时，我开始考虑镜像应该是这个难题的一个重要组成部分。现在我运用一种新的以科学为基础的框架将近期的事件置于所发生的事件之中。此框架建立在社会传染基础之上，抑或是建立在甘恩学校，或许是该镇所提供的组成基础之上的离散传染特征。

这两名学生是否有可能像镜子一样反射他们各自具体的想法呢？进化生物学家理查德·道金斯将这种特定的社会传染称为“模因”[①]（meme）：“当你在我的思维中植入可繁殖的模因后，不夸张地说你就寄生在我的大脑当中了，正如微生物细菌可以寄生

① 在诸如语言、观念、信仰、行为方式等的传递过程中与基因在生物进化过程中所起的作用相类似的事物。——编者注

在宿主细胞的遗传机制中一样，模因就让大脑成了思想传播的载体。”我发现理查德这一关于细菌的关联对比非常恰当。传染思想的模因，其自然规则就像是监督细菌突变和传播的规则。在适当的环境中，抓准最佳条件，通过某些人，思想就得以传播、感染和激活其他人。就像微生物细菌一样，它们起初是聚集自身能力，并和宿主的身体发生相互作用，然后在此过程中不断复制。思想从随机的暗示和无害的姿态开始，之后就与宿主的心理特征进行交互。微生物细菌的工作运行依赖于掌控一个细胞，同样地，思想扎根于人的大脑，完全依靠接管人的思维进行运作。

就我们如何无意识地向他人传播我们思想的方式而言，科学家尼古拉斯·克里斯塔基斯和加州大学圣迭戈分校科学家詹姆斯·福勒，认为这种特定的社会传染依赖复杂的关系网而跨越整个社会，这个关系网的分支就像是闪电球，贯穿整个社会，从而形成错综复杂的模式。人们通过镜像所反映的思想有赖于他们所在的社区构成。这就是为什么某个朋友圈里的人认为他们的婚姻会慢慢地消解在另一对即将离婚夫妻的分居状况中。这就是为什么股票市场会在出现麻烦或困境的时候有所波动。这就是为什么孩子们在学校巨大成就的重压下苦苦挣扎。倘若是这样，甘恩中学卧轨自杀的两名学生也许就是在这种成就或失败的压力下传染了彼此的想法。

鉴于法国人类学家古斯塔夫·勒邦的作品，我意识到思想并不是唯一存在的社会传染。影响比思想本身更深刻，我发现我自己也在思考传染行为，就像是父母养育子女的陪伴式教育趋势，或者是极端强大的工作职业道德，很可能是这两名年轻学生神秘行为背后的原因。

勒邦提出，我们周围的人的智慧或者机能障碍取代了个体的智慧或机能障碍。他认为一个人“沉浸在一个群体中一段时间后，很快就会发现他自己处于一种特殊的状态，一种酷似沉迷的状态，就像是被催眠的人发现自己被催眠师掌控的那种状态”。与他人近距离相处，他们所有的行为方式会暴露在我们面前，包括冲动、易怒、缺乏理性、缺乏判断力，以及将我们从各自的或者更传统的社会惯例中解放出来的夸张情绪。

考虑到这一点，将传染行为的心理学理论运用到帕洛阿尔托所发生的一切悲剧中并不困难。我认为其可行性在于我们正在见证蜂群思维的结果，这种思维或心态作为有毒的群体思想和危险表现，简直就是一种疾病。孩子们最终适应了他们周边的现行标准，是一种冲动的、不受欢迎的、含混且不加区分的模仿，是盲目冲动的一种镜像反应。尤其是在封闭而且人口稠密的社区，更多的人出现镜像反应，这些显著的特征越多，就越发得以传播。发起者的性别和年龄相对于人口来说非常重要。观察者的性格特征、人们性格中内向与外向所占比例、一个人对从众心理所带来的负担的自然反应也都是非常重要的。

除了惊人的思想传染和行为传染之外，我考虑情绪传染也有可能在这种情形下发挥作用，比如与个人期望值相关的感觉，这种情绪就会在同龄人中间传播和感染。面部表情、肢体动作、语言和态度自动的同步性是导致情绪传染的原因，而这种情绪传染的速度几乎不会只停留在一对一的传播蔓延上。情绪向外辐射就像横穿人群的核爆炸，每个个体都接受并反映所有的一切，这一切能说明人类情感经历中的各个方面。

这些影响中的任何一个听起来都是真实可靠的，然而又没有任何一个可以完美地和甘恩中学的现象吻合。我和帕洛阿尔托的人都想要指出一个特定的原因，但是随着我越发深入地调查，事情就越清晰地表明远没有我判断的那么简单。所以与其孤立地看待每种类型的社会传染，不如现在就考虑这样一种可能性——我们已经见证了高度传染特质和可传染现象相互混合成为一场完美风暴，成为一种囊括许多常见现象的“奇特”传染病，在人群中间悄然传递。

或许这不是任何一种形式的社会传染作用的结果——思想、行为或情绪，而是所有形式共同作用而产生的惊人结果。

第 三 章

被自杀阴影笼罩的帕洛阿尔托

我是在新手爸爸培训班里认识罗尼·哈比卜的。依赖于安全系数的方法，我们彼此吸引，很快成为患难同胞，努力学习如何用襁褓包裹婴儿、如何爱抚孩子、如何换尿布。随着时间的推移，我听说了他的个人经历，我发现在他那张孩子气的脸上和温暖的眼睛中总能找到希望。哈比卜身上总是洋溢着一种满足和亲切的气息，还有一些甘恩中学灌输给学生的那种自以为是的自信。这一点在任何情况下都是如此，无论何时，所发生的情况会迫使他去传递那些让人烦心的消息，他一再这样做，这在不到三个月的时间里已经是第三次了。

新学年伊始，即将入学的大一新生卡特里娜·霍姆斯又成为学校附近火车轨道上的青少年自杀事件的牺牲品。

接下来的一个星期天的早晨，当我们上完新手爸爸培训班收拾东西的时候，哈比卜向我透露："我真不知道该给我经济学课上的学生讲些什么。"他是应该就学生自杀事件开展一些讨论，阻止学生就此事的思考，还是鼓励他的学生就此妥协，继续像什么事都没有发生一样？“在你和我之间，我无法停止继续思考这件事。”

自从霍姆斯死后，我发现自己也和哈比卜一样，陷入一种心理循环之中。作为一个新手爸爸，我很容易将自己代入那几位悲痛的父亲的角色中。想象着自己走进一间空荡荡的卧室里，整个人都陷入了空虚所带来的深不可测的心痛之中。每当本地广播电台播报关于霍姆斯死亡的消息时，我都会调大车里广播的音量，期待着有人能站出来提供新信息，这样就能阻止看似要成为致命怪圈的循环了。专家们也在重复着他们说法。他们说这个镇子正在经历一场集中的自杀，导致这三起案件的时间、地点及精神疾病都是相互关联的。

除了恐惧之外，不可否认这三起事件也激起了我的好奇心。我很了解帕洛阿尔托在学业方面的名望、该镇的财富，以及它给孩子们带来的承诺。所有这些因素都使这个镇子上发生群发性事件显得越发让人难以置信。这里的孩子们都有着如此光明的前途。

我本是为另一篇文章到斯坦福大学图书馆收集研究资料的，结果发现我自己正在为自杀群发事件做学术研究。我碰到的更值得注意的事例之一是发生在 1984 年的一个案例。在这起案件中，一名年轻的奥地利商人跳到了一列即将到来的维也纳地铁列车前。此后约一年的时间里，大概以每 5 周一次的频率发生了一连串因他的行为而导致的盲目模仿自杀的事件。

我偶然发现一个名叫冈田有希子的日本流行歌手的故事。她于 1986 年自杀并导致日本发生了几十起盲目效仿自杀的事件，这一现象后来被称为“有希子综合征”。在另一篇文章中，我还了解到另外一起早于上述故事的事件，中国著名无声电影女演员阮玲玉于 1935 年自杀，全国上下都为之悲痛，甚至有三位参加她葬礼的女性也自杀了。

德国文豪约翰·沃尔夫冈·冯·歌德在 1774 年出版《少年维特之烦恼》后，就有读者按照作品中主人公的行为饮弹自尽。200 年后，社会学家大卫·菲利普斯认为，媒体曝光美化一起单一的自杀事件，不仅预示着后续会出现更多的死亡事件，而且还预示着当事人都会采用同样的方式自杀。当较为脆弱、易受伤害的人模仿详尽的新闻报道的事件时，菲利普斯认为这些人就进入了他称为维特效应的怪圈。每一则故事都是由于人们无意识地进入镜像（反射）效应而导致的。看起来极为相似的传播方法也是伊莱恩·哈特菲尔德、理查德·道金斯、古斯塔夫·勒邦三位曾经写到过的，只是没有明确写到该如何阻止这种传播的发生。

在后续的资料阅读中，我很高兴地得知再没有哪些社区发生这种群发性事件。为着手处理奥地利商人地铁自杀事件，预防工作小组推测，维也纳过度饱和的媒体关注在某种程度上传播了一些致命的想法、行为和情绪。那些从来没有想通过自杀结束生命，更不用说跳到地铁列车前面的人，也开始无意识地感染了这种想法，开始参与到这些至今为止都令人匪夷所思的行为中。该理论认为维也纳的奇特传染事件被媒体曝光后不断传播，所以为了阻止事件继续发生，市政府必须采取措施遏制相关的新闻报道。此计划也确实发挥了作用。出版商从新闻报道头条中删掉所有关于卧轨自杀的消息之后，盲目模仿的比例就下降了 80%。

这种抑制措施成功地阻止了这一事件不断被模仿，所以美国卫生局局长和安纳博格公共政策中心针对媒体以易受影响人群不受事件吸引或事件看似不可行的方式进行报道，创建了非约束性指导方针。我还从斯坦福大学的档案中了解到，该大学的儿童和青春期精神病学与儿童发展部门的研究人员正在和地方媒体合作，开展删减新闻头版中关于甘恩中学学生死亡事件的工作。他们正试图说服编辑从预防工作专家那里寻求建议，而不是通过警察或者现场记者获取信息以大肆渲染。研究者还劝告记者尽量避免描述事件中那些骇人听闻的死亡细节。

这些指导方针似乎都在发挥作用。时间一周一周地过去，再没有一起新的类似事件发生，说明有效的预防工作确实发挥了作用。小镇开始收拾这个充满悲剧的夏天的残局，获得了一些喘息的机会，然后正常的生活继续运转，直到这种生活让人有了些许的真实感。

雨季来临时，年仅 16 岁的威廉 · 狄更斯成为甘恩中学第四个卧轨自杀的学生。我在离公寓还有几个街区的地方就把车开慢了，听完新闻报道后关掉了收音机。

这和维也纳不一样。

规范的媒体治疗方法在帕洛阿尔托并没有发挥作用。通过干预新闻报道，奥地利媒体阻止了当地的群发性自杀事件，但是帕洛阿尔托遵循了同样的媒体规范标准后，却没有阻止甘恩中学的孩子们拿自己的生命冒险。帕洛阿尔托的奇特传染证明该镇有其绝对的独特性和地狱般的可怕后果。起初我在档案中找到一些让我安慰的例子——那些经历并阻止了群发性自杀事件的社区，其中的逻辑性似乎并不适用于这里，而且我真的不明白为什么。

所以我又重回科学视角，寻求更深刻的见解。我将目光转向彼得·托特德尔、阿尔伯特·班杜拉、彼得·沙洛维、约翰·迈尔等社会心理学家所做的研究。他们的工作开始向我展示一幅不同寻常的画面：帕洛阿尔托是独一无二的。由于某个原因而进行的研究逐渐发展成一种探索，探索在特定的时间、地点，将具体情况和环境、温度、突变及宿主共同作用的结果融合为一体。或许是这个镇子特有的压力，或许就像有人提出的关于镇子上的教学理念。有传闻说本地的“虎妈文化”特别强调学生学业成绩的优异，或许是该镇数十种甚至更多的特质使其变得独一无二；而且，所有这些在一场完美风暴中都融合到了一起。

这场风暴的中心就是甘恩中学，这是一个原本相对独立于犯罪和暴力的体系，一个自成体系的系统。国内最富裕的家庭就居住在该中学学区范围内的社区。该校学生的父母就在学校附近的惠普公司、美国宇航局研究中心、脸书、特斯拉汽车公司、谷歌公司和斯坦福大学工作。超过 1/3 的家庭中都有一名高学历的家庭成员。面对这种惊人的家庭背景，所发生的可怕事件真的没有什么常见的解释或者预防措施能让他们坐得住。举例来说，世界上青少年自杀频率最高的地方通常是生活无比困顿的城市贫民区或者一些极度贫瘠的地方，然而帕洛阿尔托却云集着国内不少极其富裕的家庭。显而易见，负责任的媒体报道根本阻止不了这场群发性自杀事件。学校启动了如增补现场治疗师等预防安全措施也阻止不了悲剧的发生。这个群体的死亡人数并不能说明其内部出现了集体自杀倾向，然而死亡人数仍在攀升。

我想知道到底是为什么。

在甘恩中学，罗尼 · 哈比卜也一直在寻找问题的根源。他在找寻导致学校中年轻学生拿自己的生命去冒险的原因。上完最后一次育儿课的那天早晨，我们俩一起去吃早饭。那天早晨，有相当长一段时间，我们俩沐浴着晨光，坐在咖啡店露台上的一张小桌子旁。就在环岛对面一个街区之外，加州火车伴随着一阵汽笛的轰鸣声飞驰而过，硅谷的每个人都能听出这种刺耳、痛苦又绵长的轰鸣声。

夏秋两季自杀的很多学生曾经上过哈比卜的经济学课程。我问他剩下的学生表现如何。他说这很难说。很明显，学生们充满了恐惧和悲伤，但他们也很谨慎，或许过分谨慎小心了，甚至太坚忍了。

当说这些时，他的眼神暗淡了很多，声音也柔和了不少。面对每一起自杀事件，他都在质疑他是否有可能做得更多来确定麻烦所在或者阻止事情发生。从在校教师和曾经是甘恩中学学生的角度，他了解这所学校的体系，了解他的学生，了解甘恩中学培养出的学生的类型。在成为一名教育者之前，他还是甘恩中学低年级学生时，他曾和朋友们讨论过如何为硅谷科技传奇之路建模。他们打算当工程师，赚大钱，然后趁年轻就退休。可遗憾的是，哈比卜是个糟糕的工程师，既不懂得编码，又讨厌数学，可以说在电脑屏幕前开创事业的梦想根本没有实现。当他的朋友们纷纷开始创业，成立科技公司的时候，他开始了任教生涯。不管怎样，相比靠科技创业，他更适合搞教育。他身高约一米九，充满磁性的嗓音说起话来带点儿以色列轻快的语调，但这些并不影响他轻松地驾驭课堂。30岁时他就能轻松地和学生进行师生之间的沟通。和其他许多人相比，哈比卜认为他自己能够关注到学生的苦恼，然而他并没有对任何迹象有所记录。

他充满温情地向我诉说他记住的那些学生。让–保罗 · 布兰查德既聪明，又深受同学喜欢。他还有个漂亮的女朋友。他萎靡又含混地说："布兰查德是最不可能有自杀想法的人。"桑娅 · 瑞梅克尔是戏剧学院的首席设计师，是那种关心他人冷暖的人，很照顾戏剧学院的学生们。她甚至还给学校一些教职工临时照管小孩。卡特里娜 · 霍姆斯还没有正式注册入学，所以哈比卜没教过他。威廉 · 狄更斯在哈比卜眼里是个可爱的男生，体格强健，是游泳队的明星。

他叹息道："真是糟透了！""人们都很担心自己的孩子。自然而然地，每个人都在横加指责。"对学校行政管理的各种不同的谴责和控诉声开始逐渐遮蔽甘恩中学优质的学业声望，也让其在全国公立中学中独占鳌头的地位蒙上了阴影。就个人而言，哈比卜认为学校本身或学校的总体学业标准并不是群发性自杀的幕后推手。至于真正的原因是什么，到底是什么支配着事件的发生，事件本身到底是什么在发挥作用，他确实真的不知道。而且即使所有的专家研究和数据都指向合理的，甚至极有可能的解释，他还是怀疑其中的真相是没人能知晓的。

但是他正在建构一种理论。

第 四 章

为什么是硅谷？

吃完早餐，哈比卜邀请我一起去甘恩中学，上次我接受他的提议还是在2010年1月下旬的时候，现在我们就坐在甘恩中学行政楼上他朴素的办公室里。这个地方不大，伸腿的空间都不够，甚至没有踱步的地方，空气中弥漫着老旧地毯的味道。我想知道他是否也像我一样为自己新生的孩子担心。我先说道："我知道这听起来像是科幻小说，但你是否觉得无论什么消息流传起来，我们的孩子也会被传染上？"

这听起来的确很奇怪，这个假设还是从我嘴里说出来的，就好像我们无法控制的一些因素在左右我们的行为、思想和感受方面真的有很大的影响力。尽管如此，目前我们掌握的事实和得出的结论都是出自这些行为、思想和感受。

又一个新的名字出现了。一周前，镇政府在火车轨道上发现了名叫布莱恩·本尼恩·泰勒的19岁甘恩中学学生的尸体，位于自去年 5 月以来那 4 名学生的自杀地点交叉路口向北 150 码[①]远的地方。他生前曾是一名大学代表队的摔跤手、网球运动员，还是校长服务奖学金获得者。他还被提名为高年级校友返校节的王子。

如果这 5 位家境优渥、表面看起来对新环境适应得很好的典型美国青年都卧轨自杀，那么说全美国的孩子都将无法承受任何压力，并促使他们做出那种极端决定。而且仅仅几个人死于自杀并不意味着每个孩子都要承受这些极端行为诱发的刺激。照理说，若干年后我们的孩子也不可能模仿这种行为。然而，就自杀这事来说，理性和逻辑根本就发挥不了作用。

哈比卜踌躇地说："我不这么认为，不管怎样，我都不希望如此。"

这时他把午餐摊开放在办公桌上一个棕色纸袋子上，老式的办公桌让办公室看起来比我所见过任何学校都显得陈旧过时。

他若有所思地啃着芝士三明治，说："而且，硅谷这地方什么事都传播得更快。"

哈比卜的理论激起了我的兴趣。让事情传染起来是需要技巧的，既需要物质的平衡、精准的时间、有利的环境，还需要一点点戏剧性。在哈比卜看来，硅谷能将伟大的产品扩展和规模化，

① 1 码约为 0.91 米。——编者注

其业绩是无可匹敌的。三极管、声频振荡器、个人卫星、高级电动汽车、社交媒体、智能手机、30 美元的连帽衫、牛仔裤和棉布 T恤：这些东西都已经传播开来了。定义硅谷工作方式和更多具有可能性的创新的特质就是——大胆思考、清晰透明的创造，发展 Uber（优步科技）和 Airbnb（爱彼迎）这种点对点用户的分享型经济。这些事情，也一样已经传播开来了。

硅谷对这 6 个月中自杀的 5 位年轻人同样负有责任。至于为什么——为什么是这里，为什么是现在，去听那些人所推测的为数不多的理由似乎没有什么意义。他们认为在这个创新驱动型经济社区发生群发性自杀是独特的富裕文化症状的结果；或者是极其雄心勃勃的工作理念的弊病；或者是一种漏洞，一种新型科技固有的、使得媒体助长不良思想传播的缺陷。有人说这是疯狂效应的毒害所在，是丧失理性的瘾症引发的瘟疫，是不良态度的传播，是我们塑造的领袖或楷模所产生的副作用。还有人认为这是父母期望和个人决心的狂热导致的结果。美国文化适应的实验培养已经发挥到了极致。这是一种极度焦虑和压抑导致的瘟疫，以前可真的很少有人见过诸如此类的折磨。

当然了，这些想法、行为和情绪中每一个都是一种传染现象，而且我们没有理由相信，即使不是所有人，只是一部分人是造成这种奇特传染事件的罪魁祸首。也许，正如哈比卜所说的，如果硅谷是个比其他地方更善于抓住机会让事情传染起来的地方，那么此次群发性事件背后也有同样的机制在发挥作用。至于那些机制是什么，我们在这里讨论的是一种适用于本地可以发挥作用的无意识协调因素。这个非常深邃的洞见使得硅谷的公司能够不断创新、理解市场需求，而且往往比几乎其他所有公司、其他地方的表现都好得多。

与此同时，硅谷的火车还在不停歇地穿行而过。像陷入了无止境循环的怪圈中一样，帕洛阿尔托镇的自杀率骤然攀升，比全美 10 年的数据还要高出 5 倍。

午餐后，哈比卜带我参观校园，我立刻就爱上了这个地方。甘恩中学的建筑都着以墨绿的颜色，房顶是褪了色的页岩，坐落在开阔的走道两旁，雾气向走道两旁烟绿色的树木弥漫着，耳边传来山麓高速公路上的汽车鸣笛声。学校和内陆腹地融合得非常完美，周围的公寓以低廉的价格建造，正如 20 世纪 50 年代的建筑一样，那时能源的价格不高，铜资源供应较为短缺。这些年来，这里采用最先进的装备已经更新建设出了最高水准的设施。

我俩斜倚着一个四方院子的一段挡土墙，看到户外到处都是学生，有些学生在成群的人流中穿行，有些学生独自一人低头快步赶着去上课。有许多事情都是我和哈比卜不想承认的。我们的自然反应就是假装一切都安好，忽略担心和危险因素，相信一切都能解决，因为这个城镇的一切本就是解决看似不可行的问题的。同样地，这个小镇也会解决这个问题。

尽管有这个信念，当学生们穿行在校园中时，我还是感觉巨大的遗憾赤裸裸地压在我的胸口。抛开作为记者善于分析的嗜好不说，从个人角度而言，我需要明白，我们还未看到的这个魔鬼的一面很有可能向我们提供了线索，向我们显示了它的脆弱。我想知道这些学生都是安全的。我想保护好我的儿子。

设想一下，哈比卜长时间思考这5起自杀事件，他眼中的自信就会逐渐消退，漠然地凝视着远方，嘴唇紧绷。虽然他并不清楚是什么导致他的学生会自我伤害，但他总是坚信这种情形是硅谷自身形成的一种结果，是由本地区最好的和最差的特质所构建的傀儡。这使我想起安妮·麦克维在她的著作中详细审视了18世纪作家玛丽·雪莱如何用复活的碎尸、器官和骨骼拼凑成一个怪物，把完全不相干的失事火车的主体组装成一个整体，而且这个怪物对世界的认知来源于反复和复制周围的行为，在这一过程中，这个怪物很可能教会我们一些东西……关于我们自己作为老师和学生的一些情况。

最重要的是，如果孩子是通过反映他们周围的世界来习得知识的，那么无意识的镜像就是我们学着如何做人，学着如何生活。我们要树立什么样的榜样呢？

无意识堪比一个王国，所有构成这种奇特传染事件的元素都在运行、发挥作用，它处于表象之下，又超越我们的意识。每个组成部分都伴随着令人恐惧和超乎想象的后果以飞快的速度悄无声息地在人与人之间传播。无意识或许是自古巴比伦人在苏美尔计数系统中加入留空位的方法来代表 0 以来，最具决定性和革命性的理论概念。

无意识镜像远远超过直觉、本能或者是同情，其基础就是我们推断他人可能正在经历的事情。相反，社会感染是对他人思想、行为和情绪的完美仿真和表达。这是感受朋友的喜悦之情，和在心跳加速、内啡肽释放时切身体验到的温暖感受是完全不同的。然而我发现最令人着迷的，同时也是最令人不安的部分，就是我们不清楚我们已经感染了这些经历，抑或是不清楚它们就像是电脑后台的操作系统一样正在运行我们的生活。

无意识表明意识和一个在暗处涌动的更为有力的过程之间相互分离。无意识是自发的、本能的。它让我们洞察到我们所做的一切事情和我们所相信的关于这个世界的一切。这是我们头脑当中所拥有的最古老的知识体系，是最为广泛而又神秘的记忆群。神经系统科学家大卫 · 伊格曼写道："我们发现人的大脑中时时刻刻都有大量的东西在活跃着。我们所做、所想、所感知的大多数事情都不在意识的控制范围之内。" 大卫进一步解释道："保持有意识的自我是至关重要的，但它仅仅是思维职责范围内的一小部分。相反，它的大部分精力都集中在关注我们的内心世界上。"

然而，一段悠久的历史必然存在于无形且不可知的无意识与同时无意识地尝试界定并访问历史之间。现代心理学早期研究者，如医生兼生理学家威廉 · 冯特认为，思维能感知其自身的过程。但 19 世纪后期物理学家赫尔曼 · 冯 · 亥母霍兹支持这样一种理论，即大脑不仅仅是心灵的眼睛。细想一下，剧院是如何让观众进入一种错觉的恍惚状态的，是如何让人们相信舞台上的人物都是真实的的，它的表现是如何让观众发自内心地哭泣与欢笑的。赫尔曼断言，这一独立而且不可知的大脑部分正是无意识在工作。当西格蒙德 · 弗洛伊德为这古老悠久的思维大厦构建地形图时，他进一步描绘了意识、无意识和潜意识，以此来证明思维是如何在自己掌控之外进行运作的。艺术大师萨尔瓦多 · 达利和马克思 · 恩斯特声称，他们已经挖掘利用了无意识，为的就是创造一个用大自然中的破碎鸡蛋、昆虫背甲、无头尸体和障碍搭建的既超现实又古怪的生物形态的幻境。加州大学伯克利分校科研专家约翰 · F. 希尔斯特伦和其他探索无意识思维的研究人员目前都表明，阈下直觉、内隐记忆和催眠都能进入无意识当中。

一些研究人员主张，无意识只有在当下才会思考、才会有所指。另外一些研究人员表明无意识的视域缺乏区分虚构和现实的灵敏度。还有一些研究人员将无意识定义为一套监控系统，就像是我们内心世界的国家安全局，它会观察我们的每一次经历，甚至当我们睡觉时都在观察和记录。又或者像导航系统，作为增强型 GPS（全球定位系统），为我们提供地图并告诉我们该去哪里。

现在有一些人提出来自北加州富裕市郊的 5 位孩子卧轨的原因：绝望思想的社会传染、致命的行为，以及通过细微线索和神经触发刺激无意识的各种各样情绪。

所有这一切都导致一个不可避免的理解，那就是在表面之下必定有更多的原因影响并助长了这种社会传染。我认为，或许无意识在阻止这种社会传染的过程中也发挥了一定的作用。

第 五 章

社会传染塑造了生活中各领域的图景

我去过甘恩中学后没多久就给耶鲁大学打了电话。关于社会传染，人性实验室到目前为止已经有了一些极其重大的发现。实验室主任尼古拉斯·克里斯塔基斯一直致力于研究社会传染和被社会传染所感染的人群之间的相互影响和相互作用。

在电话里，尼古拉斯·克里斯塔基斯用他低沉而坚定的声音对我说，其实真的很难量化有多少事情是通过我们自身的意志力做到的，有多少是从其他人那里不知不觉中传染的。例如，我们无法理解在给定的一天里所接触的社会传染的数量，更不用说整个一生了。尽管如此，克里斯塔基斯数十年的研究结果表明，社会传染如此强大，以至于塑造了我们生活中各领域的图景。而且他认为这种隐蔽的影响体系也将我们每个人都联系在了一起。

克里斯塔基斯和他的合作伙伴詹姆斯·福勒在一份关于网络和人类行为的广泛研究报告中提到，思想、行为和情绪都具有流动性。三者的影响已经超越了个体，广泛传播并影响了众多相互关联的其他人。通过可观察的基于回归的模型和实际实验，他们已经证明社会传染不仅仅会发生，而且证明了如何发生，并影响着从投票行为到公共健康干预等方方面面的事务。

例如，在他们所做的一个实验中，通过绘制洪都拉斯成百上千的村户地图，他们发现那些密切关注暴力行为的人和那些继续实施暴力行为的人之间存在相互关联。在另一个实验中，他们确定了75个印度村落，并详细描绘了促使社区居民利用卫生厕所的社会影响的特有类型。通过所有这些案例，他们还发现同伴效应和人际关系的影响能传播善良、酗酒、孤独，甚至是政治动员。

“我们所知道的地球上人与人之间的连通性将表明一种单一个体的全球影响力看起来是难以置信的。”他们观察了这些人的社交网络和习惯后说。然而现在，克里斯塔基斯却告诉我这种现象比我们通常意识到的更合理可信、更常见。有些会导致消极负面的结果，还有一些对我们却是非常有益的。一种社会传染会使得人们染上抽烟喝酒的习气，另一种社会传染却可能让周围的人在不知不觉中受到合作精神的影响，还有其他的一些社会传染可能操纵经济增长和个人财富。更重要的是，社会传染给人们提供了远超其他的巨大力量。这其中包括个体映射的能力、他人传染的能力，从某些方面讲，这些特性与生存的至高无上的本能是相反的。

我知道单单面对自杀这种事并不能使夺走一个人生命的行为轻易传播。精神病学家曾暗指，环境和个人的性情都是潜在的影响因素，还牵扯到可治疗的精神健康问题和文化交流障碍。当一个个体考虑到流动于人际网络的交互思想、行为和情绪的附加影响时，他/她就会目睹一连串不断增多的具有毁灭性的因素。

尽管在一些社会传染中存在着固有的危险，克里斯塔基斯还是将这些危险视为生命的连接器，而非对生命的侵蚀。援引耶鲁大学、哈佛大学和宾夕法尼亚大学的研究，克里斯塔基斯提醒我幸福会通过三度分离把每个个体连接起来，而且一个不开心的老熟人、老朋友会让我们自己变得不开心的概率增加一倍。间接的压力将第一反应人和受害者相互连接。心理学家分享了他们所治疗的纳粹大屠杀幸存者的噩梦。“创伤后应激障碍”至少贯穿三代犹太人，一起单独事件和人的联系会超过一个世纪。在工作场所，毅力通常将员工连接起来协同合作、构筑团队。运动团队成员之间的社会传染让队员紧密团结，并在比赛中取得好成绩。

我认真思索着这些海量信息，还把自从去年夏天以来收集的信息都叠加在一起。我注意到我写在黄色记事本边缘的一个问题。

我直截了当地问克里斯塔基斯，硅谷拥有创造可传染事物的独特能力，那么它是否有能力创造出一种治愈方法，帮助帕洛阿尔托镇抵御这种前所未有的奇特传染呢?

对此，克里斯塔基斯认真考虑了一会儿。但是他并没有给我一个明确的答案。相反，他告诉我，他所见过的最佳证据表明这是有可能的，而且这肯定是个值得探究的问题。

对于这一问题的探索，他鼓励我观察帕洛阿尔托镇以外的其他奇特传染的现象，调查研究当地人传染、控制和治疗传染现象的方式。在某个地方，有人同样问过我提出的这个问题。在某个地方，也有人挣扎在各种奇特的传染中。在某个地方，人们也在努力应对各种传染并找到解决方案。

第二部分

寻找传染的根源

“孩子从来不愿听取长辈的建议，
但却是长辈最忠实的模仿者。”

——詹姆斯·鲍德温

第 六 章

传染是如何开始的

加拨伦敦区号后先是一阵忙音，之后又打错了电话。最终，一连串电话嘟嘟声后，一个柔和又有点书生气的声音接了电话。和英国著名心理学家杰拉尔德·拉塞尔取得联系，让我有些反复无常又有些犹豫不决的感觉，他研究了历史上最重大的奇特传染事件之一——暴食症。

克里斯塔基斯此前建议我和拉塞尔取得联系，对这一点我无须花多少时间来想是为什么。就像我们自己的奇特传染一样，拉塞尔的研究也涉及年轻人的圈子、对父母压力的指责，以及媒体曝光的问题。就像帕洛阿尔托镇的奇特传染一样，饮食失调症也是由许多不同的社会传染形成的。牛津大学研究认为，饮食失调症是一种观念的传染，思想的扩散，以及对体形和完美主义的扭曲的认识。巴德学院发现饮食失调症也是传播绝食和消耗营养成分等做法的一种行为传染。明尼苏达大学将饮食失调症描述为一种情绪传染，会传播无助、无望、焦虑、抑郁等情绪。

有一段时间，拉塞尔和我谈论了饮食失调症的本质及它们提供的独特的历史角度。他结合地域、趋势和文化三者，追溯到公元前700年，那时富裕的古罗马人偶尔清肠以方便享用无穷无尽的盛宴美食。位居东部沙漠地带的古埃及人清理肠胃是为了避免生病。历朝历代的中国人实施对危险食物的限制。在通往非洲平原的部落里，人们节食到濒临饿死的地步。到16世纪，饱受消瘦症折磨的女性会被推上火刑柱。纵观历史，饮食失调症的传播往往与宗教和文化极端密切相连。在文艺复兴时期，虔诚的欧洲女性严格限制食物摄入量，以达到更高层次的精神境界。17世纪晚期，随着文化复兴的结束，内科医生和精神病医生关于皮包骨的年轻女性的记录不断增加。两个世纪后，研究人员提出，激素失衡、内分泌失调、肺结核或是称为西蒙兹病的脑垂体问题都会导致神经性厌食症。1873年10月，威廉·格尔先生在伦敦临床协会发表演讲时说，饮食失调症最主要的影响对象是家庭不健全的女性。到1930年，这种情况已经演化为情绪、生物学和文化各方面的结合体。

拉塞尔和蔼地说："这就是我介入的部分。"1972年，一名女性在伦敦皇家自由医院住院治疗厌食症。"我发现她的症状很独特，根本无法和常规的厌食症诊断标准相对应。"不像其他那些面黄肌瘦、眼睛较大的患者那样，拉塞尔的这名患者体重正常，面部丰满，脸颊红润得像洋葱的表皮一样。

她是接下来7年里来到拉塞尔诊所就诊的约30例这种不寻常病例的第一例。每个人都进行令人费解的清肠行为，其次就是暴饮暴食。拉塞尔意识到他不是在和神经性厌食症打交道，而是在和时至今日由心理学和医药学方面所定义的东西打交道。事实上，他已经偶然发现了一种科学尚未进行大量研究的疾病，或者在饮食失调症的漫长历史发展过程中可以随时确定的情况。《心理医学杂志》（*Psychological Medicine*）发表了拉塞尔关于这些不寻常病例的文章。在该文章中，他描述了现在他称为暴食症的这种新奇的精神疾病的几个主要特征。但学界的许多研究人员都反对拉塞尔得出的结论，并指出他所使用的样本量范围太有限且存在问题。然而，那个年代确实没有太多的案例支持拉塞尔的结论。毕竟 20 世纪 70 年代可共享的案例太少了。

随着暴食症获得进一步的诊断合法性，1980 年该病症及结论被列入《精神疾病诊断与统计手册》（*Diagnostic and Statistical Manual of Mental Disorders*）第三版中，拉塞尔跟踪发现该病症以出人意料的速度在欧洲和北美的大学校园快速传播，影响了妇女联谊会、女生宿舍和女大学生运动队 15% 的女学生。暴食症还蔓延到暴饮暴食、节食、吃减肥药及其他饮食失调症状非常容易聚集的美国高中。他跟踪研究后发现，该病症蔓延到了埃及，在那里新增案例 40 万例。加拿大新增 60 万例，俄罗斯新增 80 万例，印度新增 600 万例，中国高达 700 万例。在英国，每 100 名女性中就有 1 名患上饮食失调症。

我说："这或许让你想知道，暴食症并不是一种新的饮食失调症，它本身就一直存在，只是在你的文章发表之前人们根本没有注意到它或谈论它。”

拉塞尔很有礼貌地提出异议。如果无形中饱受饮食失调症折磨的人数和现在所认为的人数一样多，很自然地这种情形就会在拉塞尔或任何从事此项研究的人确定之前得以被广泛了解和认识。他还说道：“你可能会说，这种情形需要现有情况推断，人们才能安心地讨论暴食症，但我不这么认为。在此之前，饮食失调症是极其罕见的。但是自 1980 年以后，这种失调现象在极短的时间内变得非常普遍。一旦这种失调症被描述开来，我就要对写的文章全权负责，毕竟知识的传播速度极快，人们就有了共同语言来谈论该病症。”

有了这方面的知识，拉塞尔的发现呈现了一场大规模流行病的特征，3 000 万人罹患了这种流行病，但是无论是他还是其他任何人都无法阻止其继续蔓延。拉塞尔提到他面临的是熵的问题，一个逐渐退化为混乱无序、对于社会传染有着毁灭性影响的问题：一旦出了问题，就完全不可能再得以控制了。

即便如此，心理学专业人士读得最多的一篇学术期刊论文和密集诊断手册中的一种提法并没有解释暴食症是如何从极个别的孤立病例一跃成为传染全球的常见病的。拉塞尔对此也很认同；我们正在错失学术界和普通人之间的关键联系。

神经性暴食症首次在第三版《疾病诊断与统计手册》中出现后，芝加哥大学就发布了一份新闻稿，公布了他们关于患上厌食症后出现的后遗症研究的最新数据。一些流行的女性杂志如

《小姐》(*Mademoiselle*)、《美好家居和园艺》(*Better Homes and Gardens*)也刊登出文章，提到一种新的“易饥症”(食欲过盛综合征)已经进入美国文化。随着拉塞尔的研究数据在诊断医师中的广泛运用，易饥症这一术语随着流行杂志的广泛发行而进入词典，暴食症的病例也陡然增加。一旦人们意识到他们想吃什么就吃什么，能吃多少就吃多少，不考虑体重问题，大吃大喝和清肠就会成为体重管理的新手段。无独有偶，这些不健康甚至有害的行为发展起来的同时，肥胖症——克里斯塔基斯和福勒所发现的和任何饮食失调症有一样的传染性的疾病——在美国成倍增长。

在社会传染的蔓延中媒体有过失的说法并不新鲜。研究饮食失调症的发展性精神病理学的心理学家通过做几十组的对照试验发现，在大众媒体和饮食失调症之间有着近乎完美的关联。现在我想到的问题并不是媒体是否在复制社会传染过程中发挥了作用；如果我们能够像媒体自身那样，净化对我们自身具有影响的某种渠道，我们很可能不用花太多时间就能阻止传播了。相反，我怀疑的是，在社会传染得以传播的过程中媒体究竟发挥了多大的作用。

为了回答这个问题，拉塞尔提到了一个发生在斐济共和国的特殊案例。他说在 20 世纪 90 年代中期，暴食症在全世界工业化国家肆意横行，但在发展中国家却较为鲜见。哈佛大学医学院副教授安妮 · E. 贝克尔指出，文化环境很可能是造成传播障碍的主要原因。为了检验她的理论，贝克尔找了一个完全不受西方影响的地方。在斐济的历史长河中，该共和国还没有报道过一个饮食失调的案例。然而，从 1995 年起一切都发生了变化。

我问拉塞尔："1995 年发生了什么？"

《飞越情海》《战士公主西娜》《贝弗利山》《90210》。

他说："这些电视节目都是在这一年引进斐济的。"

《宋飞正传》《急诊室的故事》转播后 3 年，11%的斐济青春期女孩向贝克尔承认她们为了减肥，至少清过一次肠。在那段时间，饮食失调症的风险从 13%跃升至 29%。超过 80%的患者透露，电视节目影响了他们或他们的朋友，让他们对体形或体重有了更多的意识。到 2007 年，来自主岛的 45%的女孩都承认曾经清过肠。

贝克尔还发现媒体曝光的影响不仅仅限于饮食失调。在她所做的记录中，不少观众基于所观看电视节目中的某个角色出现个人志向的不断提升。在她所做的其中一项研究中，80%的女孩表示，她们计划放弃传统的农耕工作，转而从事职场工作，尤其是那些想要变瘦的女性。青春期的女孩子们在情绪压力方面的社会传染在斐济也出现上升趋势。斐济的社会发展正在迅速改变，随着媒体传播带来了更多的社会传染，心理问题也伴随着这种巨大的文化转折而生。

我认为所有这些看起来似乎都是在指责大众传媒。理解和阻止社会传染的传播真的就像是限制媒体和它们传播的信息一样简单吗？如果真的是这样的话，为什么这一措施在控制帕洛阿尔托镇的奇特传染中没有发挥什么作用呢?

“正如我的美国同事在斐济做的这个不错的研究所发现的那样，媒体很重要。但是事实通常需要我们进一步挖掘。”拉塞尔回答道，然后用略带一点狡黠的言辞说，“当然不是媒体的问题，是意识的问题。”

第七章

我们应如何抵制社会传染

歌德曾写道：“从本质上讲，万物之间并非彼此孤立，而是相互联系，可能存在于所联系的事物之前，或旁边，或暗含其中，或覆于其上。”对这些联系日渐成熟的认识让我认真思考杰拉尔德·拉塞尔所描绘的奇特传染的鲜明画卷，解释了一点点的曝光就可能产生像全球流行暴食症这样的巨大效应。我发现要综合理解意识的全部不良影响是非常困难的。拉塞尔解释说，我们既可以通过观看电视节目中的人物养成饮食习惯，又可以通过观察周围朋友的饮食方式或他们上传到网上的照片来学习，还可以通过无意识地记录其文化中的微妙暗示来习得。我能接受曝光是给社会传染的传播创造机会这种说法，但此后一个人该如何抵御意识？一个人不可能一辈子将自己封闭起来，两耳不闻窗外事。

在5位青少年卧轨自杀的案例中，我看到帕洛阿尔托正试图抵制意识。起初，学生们把纪念丝带系在铁丝网门上，在学校建筑的木墙上贴满手写留言的折叠卡片。棒球场铁丝网围栏上插满了一束束野花。校园走道上用粗粉笔为他们的朋友画上纪念画。

为他们逝去的同学撰写文章、发表评论。但是精神健康专家很快指出，承认自杀事件是冒着将影响的种子传播给他人的风险的。纪念仪式扬言要把死者当作殉道者，这在某种程度上激发了一些人的欲望，他们希望能以相同的方式获得同样的关注。这似乎很荒诞，但是我们越是让人们意识到这个问题，我们就会在此事上向人们暴露得越多。讨论自杀是很危险的。如果意识是社会传染最大的媒介，那么缺乏意识应该能阻止自杀的发生。然而，这种提法却让人百思不得其解，愤世嫉俗者急于脱身、渴望离去：对像暴食症或群发性自杀这种奇特传染事件保持沉默仅仅忽略了一个问题，但这些典型的问题却不会自行消失。

和拉塞尔谈过之后，我找到一份 20 世纪 80 年代早期写的论文的副本，其中包括首次提到类似暴食症的症状，还有针对该症状的有效治疗。作者是心理学家黛博拉·布伦纳–利斯。她曾在纽约的一家饮食失调诊所工作，现在在旧金山经营一家小型私人诊所。

布伦纳–利斯的办公室宽敞明亮，陈设就像是电视节目里心理学家的工作室，摆放着豪华的沙发、宽大的扶手椅，这些刻意的陈设为的是能激发一则对话、透露一些信息或者是一些忏悔。布伦纳–利斯身材纤瘦，下巴较小，脸颊突出，肩膀窄细，脸上的皱纹很深。

她详细叙述了一个现在大家都很熟悉的关于暴食症的起源和传播的故事，以及她自己所做的关于暴饮暴食和清肠的早期文献的探索。和拉塞尔、贝克尔一样，布伦纳-利斯也发现，一旦这种情形开始在媒体中出现，就会毫无节制地传播开来。她强调："作为研究人员和医生，我们治疗暴食症的意图是好的。""我们希望通过宣传，让专业人士了解它的存在，群策群力，找出有效的治疗方法。"这就是一项任务，要想办法找出阻止其传播蔓延的方法。

当布伦纳-利斯向我讲述早期阻止暴食症的尝试时，我回想起 1720 年法国马赛的一个故事。当时商船大-圣-安图望号装载着国外的丝绸、棉花和一具死于鼠疫（黑死病）的土耳其乘客的尸体抵港。刚一停泊，船只就升起了亮黄色的旗子。这就是现在众所周知的检疫旗。船上升起旗帜警示乘客，商船在接受疾病检疫。尽管已采取隔离措施，但是几天之内不断有新疫情暴发，医院人满为患，成千上万的居民死于疫情。为了控制疫情传播，警告即将进港的船只，海滨码头、洪堤、卸货平台沿线都插上了大量的亮黄色旗子。旗子随着地中海的风在渔船和商船的桅杆上飘扬，周边海域很快就全成了黄色。尽管如此，瘟疫还是蔓延开来了，仿佛是搭乘着搅起它们的微风。城里的人认为疫情是穿过厚厚的水蒸气移动而来的，为了净化空气人们开始不断燃起大火。居民们闻嗅草药，把草药碾碎、混合，然后加入蜂蜜制成膏药服用。试图用这些绝望的尝试中和这种隐形疾病的致命后果，然而，这些根本没有遏制住疫情的发展。所以马赛人在市郊建了一道石墙以隔离城镇疫情，把感染疫情的人赶出家门或活活饿死来阻止疾病传染，但马赛的石墙也没有发挥作用。疫情非但没有从城镇中被清除出去，反而让困在这道保护墙里的人们遭受了这次疫情的真正带菌者——跳蚤和老鼠——的传染。最终，在隔离区内，50 000 人因感染鼠疫而死亡。

值得庆幸的是，比起 18 世纪，我们现在更熟悉传染病传播的原因和方式。然而，和瘟疫不一样的是，患有饮食失调症和微生物细菌无关，比起抗生素，我们需要做一些更有创造性的事情来阻止其传播。正如布伦纳–利斯所描述的绝望的治疗暴食症的特殊措施，她讲述了一些悲惨痛心的事例。例如，她告诉我，当今社会有 60% 的人都接受过饮食失调康复的治疗，并维持健康的体重和正常的普通饮食。另有 20% 的人做了部分康复。布伦纳–利斯就是其中之一。正如杰拉尔德 · 拉塞尔最早写到暴食症是厌食症的可怕变体、芝加哥大学最早发表相关文章一样，布伦纳–利斯是第一批出现暴食症症状并最早接受治疗的美国患者之一。

我和布伦纳–利斯开玩笑说，在硅谷，我们把那些第一次尝试新科技的人称为早期采用者（第一个吃螃蟹的人）。“那就是我。”她坐在沙发椅里，身穿白色立领衬衫，边说边飞快、自信地看了我一眼。她作为最早的使用者，是一个亲测用户，是设计早期疗法的先驱，旨在阻止一场奇特的传染事件。

她和我谈起她早期的强制性暴饮暴食、清肠，还有最终治疗成功的经历。她的故事非常好地体现在文化支点上：完美的模特、《花花公子》杂志中间性感女郎的插页、选美比赛的选手、电视女演员，还有 20 世纪七八十年代兴起的让人保持姣好形象的减肥产品。媒体不仅美化了一个苗条的形象，还强调了苗条和姣好外表的重要性，通常来说，这对塑造身份、性别角色、价值观和信仰来说都非常重要。为了治疗这场可传染的体貌标准的完美风暴、严格的饮食行为的公开，以及绝望感，在适当的时候，治疗这种流行病的职业医师会引入社会媒体活动、抗抑郁药品，以及以证据为基础的心理疗法使身体康复。

然而，早年间，供布伦纳-利斯选择的治疗方法少之又少。她寻找支持小组，8~10 人的会议，与会者展示了与她很相似的独特饮食行为。这些团体的一些成员做超量的锻炼，还有一部分靠服用泻药来清肠。许多人都提到自己的牙齿损毁、胃黏膜被破坏、头发枯黄。 尽管他们都有各种症状，但实际上将他们联系在一起的是一场有决心、有意志的行动，他们参与到最精妙的均势当中，寻求饮食和清肠、冲动和克制之间的平衡。

她向我透露："无论我们一起在那些会客室做什么，我突然感觉自己开始好转了。"这些支持小组奇妙的治疗本质远远超过了谈话、叙述个人经历、给予感同身受的理解这些内容。总有一些东西能展示在其他人面前，这些人尝试健康饮食、参与到营养活动中，这些活动也开始影响布伦纳-利斯的健康行为。这种关系紧密、有高度影响力的社会网络激励她做出积极的行为改变，激发她坚持和暴食症战斗的活力。

她说，换句话说，她的支持小组中的成员，仅仅是因为参加集会而彼此之间感染了更加健康的饮食行为，通过观察和无意识镜像还从对方身上获得了动力、复原力和希望。尽管他们当时并不知道，但是布伦纳–利斯支持小组的成员却在和暴食症导致的社会传染，还有其他社会传染不断进行着斗争。

我想，或许我们在帕洛阿尔托镇也可以做同样的事情。假设我们能够确定哪些社会传染的因素掺杂其中，我们就能够运用有益的方法阻止导致自杀率上升的传染现象。

在 20 世纪 80 年代，支持小组比以往任何时候都要受欢迎，正如伊利诺伊大学研究人员发现实证证据强化了可能被视为传染的好处。如今，作为一名执业心理学家，布伦纳–利斯成功地将团体治疗和同伴支持网络纳入她自己的针对患有饮食失调症的病人的治疗中。 她告诉我："我和我的团体能做的就是巧妙地发起以康复为目标的健康竞赛。"社会传染在其中发挥了积极的作用。

可是，我还是发现了一个不可调和的矛盾。对于一个门外汉来说，这听起来更像是把一个想法换成另一个想法而已——很简单。但是，对于媒体曝光、知识水平和治疗方法之间的关联，所有这一切塑造的类型和杰拉尔德·拉塞尔向我讲述的完全不一样。我向布伦纳–利斯解释了拉塞尔关于意识方面的理论，解释了拉塞尔是如何认为即使是想法和行为在无意识中曝光，也会促成这些想法和行为的蔓延和传播的。他曾说过，无论以康复为核心的想法如何支持团体活动，有时不健康的竞争还是会爆发的。对于每一个支持团体疗法的人来说，其他离开团体治疗的人会出现比当初他们加入团体时更严重的症状。暴食症如此具有传染性，以至于支持团体和帮助病人设计的治疗设施都会成为主要的传播媒介。

进一步的探讨似乎证明了拉塞尔得出的令人不安的结论是对的。2004 年，英国国家饮食紊乱中心发布报告称，住院治疗和专科病房足以创造机会曝光病情最严重的案例，使得住院患者感染更为严重的饮食失调症状、更为危险的行为模式以及对治疗更有危害的态度，这种态度远远超过正式团体的治疗。精神病学医生沃尔特·范德埃克肯进一步深入分析了这个过程，通过仔细研究人种学报告和定向分析发现，处于近距离范围的患者向他人暴露最严重的病情，会导致其他病人无意识地与最严重的症状做斗争。他认为，考虑到更严峻更残酷的压力会落在新宿主的身上，所以治疗的害处远大于其益处。

杰拉尔德·拉塞尔发现的曝光中存在威胁的地方，正是布伦纳–利斯发现治愈方法和症状得以缓解的途径。还令我感到困惑不已的是，媒体和群体曝光是为了传播还是为了治疗？

她提出："或许二者都有一点儿。"镜像和无意识竞争的相同过程允许人们从他人那里对危险思想、行为和感受进行解构，这些相同的过程可能在有益的社会传染方面也是相同的。

"那么是什么起决定性作用呢？"

她耸耸肩说："个人的敏感性，环境，还有未知的事物。"

那天下午晚些时候，我搭乘火车回家，到家后把新收集到的零散信息归入我设计的模式中，尝试更好地解释奇特的传染。我仔细思考了一种机制，这种机制允许与众不同的人分享普遍的表达方式以及对他人类似的移情反应。自动协调引导我们对思想、行为、感受和现象做出无意识镜像，镜像让人们在一种无形、不可知的潜意识层面上共享一种可感知的话语表达。我认为布伦纳–利斯的研究发现和其他人的一样，相信意识是一种治疗手段。然而，正如拉塞尔和贝克尔所发现的，意识将会加剧奇特的传染，就像 20 世纪 80 年代末 90 年代初那样，传播出去的暴食症知识促使当时 10 到 39 岁女性中的新发病例增加了两倍。随着病症得以治疗，当时这一比例有所下降，但是 1992 年，就是戴安娜王妃公开披露自己和暴食症斗争之后没多久，这一数据又一次急剧上升。她公开此事使得人们对暴食症的情况有了极大的了解。这不仅让首次寻求治疗的人数不断增加，也导致了新发病例的爆炸性增长，因为这种奇特传染扩散的范围比此前任何时候都要大。

克里斯塔基斯是对的。这种设想、这种有助于引导我调查的概念性模式，相比我们的模式是非常完美的，还帮助我理解我们正在面对的动态变化。现在我已经不再感到矛盾了。看看传染性饮食失调症，我发现，奇特传染事件比我最初预期的要微妙得多、复杂得多。有时阻止一场奇特的传染，就意味着要运用缓解和传播的手段，要利用一种可以传播疾病的疗法。最终，这是一场数字游戏：挽救一些人，就会放弃另一些人，但我还是抱有一线希望，希望我们最终能获得成功。

第三部分

什么使我们疯狂

想要确定处于歇斯底里边缘的人物非常容易，他们对生活充满恐惧，又极度渴望接触别人。

——田纳西 · 威廉姆斯

我们发现整个社会群体突然把思维固定在一个目标上并开始疯狂地追求；数百万的人同时铭记并追求一个错觉，直到他们的注意力被某个更让人神魂颠倒的新的愚行所迷惑。

——查尔斯 · 麦凯

第 八 章

抵制传染的两难境地

暴发迫在眉睫。

我儿子已经 6 个月大了。我通常早晨会把他送到离妻子公司很近的谷歌公司托儿所，离搜索巨人山景城校区也不远。托儿所的游戏室很宽敞，网状穹顶可用于遮阴，有几十个有机花园，厨房里放满了纯天然的食材，游戏室成排摆放着到托儿所果园采摘用的果篮，还有不少用积木、螺钉和轮子组成的天然实木玩具。这里简直就像是按全食超市的方式运营的集体农场。

在我儿子出生之前，我和妻子曾考察过全镇的托儿机构，就像多年前我们挑选大学校区那样，仔细考察每一家托儿所。我们到每个托儿所都要问各种问题，这些问题都是一些完全没经验的父母才会问的。即使新手爸妈也根本不知道我们为什么要问，似乎只有这样才算是真正仔细地考察了托儿所。要闻闻爽身粉的味道是否让人放心、了解托儿所清理设施表面所用的化学产品的成分，还要知道他们给孩子换尿片的频率，以及多长时间给孩子喂一次饭。

谷歌公司托儿所是我们考察过的所有托儿所中让人印象最深刻的。为了能入托，我们和成百上千个为孩子争取机会的家庭都被列进一份长达一年的等待名单中。我们只能想办法取得一席之地。该托儿所新开了一间婴儿室，为了确保我们的孩子能入托，我们同意在孩子到实际入托年龄之前先支付 90 天的学费。虽然这笔费用让我俩钱包都瘪了，但我们还是忍痛同意提前支付了，毕竟为了避免因丧失入托机会而陷入焦虑，这笔花费还是值得的。

如今我儿子已经入托几周了，一天下午我去托儿所接孩子回家时，一名保育老师犹犹豫豫地朝我走来，问我是否能抽出一点时间和托儿所主任私下谈一谈。我顿时感觉忐忑不安，胸口充斥着焦虑和担忧。我把儿子放在游戏室中央的一张蓝色垫子上，正处于长牙期的他流着口水，把口水巾都弄湿了。

在游戏室外面，我见到一位身材矮小的女士，她满头红发，鼻子红肿，像是一冬天都在感冒。我们走出房间来到空旷的操场上，四下没人，她怯怯地微笑着。

她说，在我们送孩子入托之前的几天，她所在的婴儿室的另一个孩子因为口腔疱疹已经回家了。

后来，我妻子推断："这听起来像是普通的伤风发热引起的口腔疱疹，担心什么呢？"毕竟我俩在商量家庭事务时，她总是很理性的那一方。

"的确。"我说。但是主任认为出于某种原因告诉我们，这是很重要的，而且她还告诉我很多我关注的信息。现在我了解到，一岁之前出疱疹，会有引发孩子全身疼痛的风险。这种病毒还会导致孩子一生都有出疱疹的可能，并留下伤疤。疱疹周期一般是两周，刚开始是长出水疱，当病毒进入休眠期时，疱疹就好了。在出疱疹期间，托儿所禁止患儿入托。然而，真正的问题却是，在疱疹出现之前才是最具传染性的，而且根本没有什么办法知道有婴儿开始传播病毒了，等知道时一切都已经于事无补了。而且，现在托儿所中的孩子们都会用嘴巴舔玩具，玩具上沾的口水就会传给每个孩子。

我争辩道："我们不能把他留在这里。"毫无疑问，我们有责任保护我们的儿子。我有一种冲动，想把我的身体像一个力场一样投入到他的身体里，替他承受这一切。没错，其他父母没有一个带孩子离开这里。或许他们没有意识到事态的严重性。或许，我推断，他们只是在等待第一个站出来的家庭。我权衡利弊，想把孩子带离这里，但这么做可能很明显是一种过度反应。要逃离这里的话，我们很可能引发一场退学风潮，或许引发那些觉得根本没必要给孩子转园的父母的反感。我当然也不想羞辱或是孤立被疱疹感染的婴儿。但是，如果这样做意味着能让其他孩子免受传染病毒的风险，或许我有义务点燃这种疯狂行为。

托儿所按适当程序来降低风险，以保证孩子们的健康。他们格外谨慎地打扫托儿所，反复擦洗园内设施的表面，用的都是可降解的、美国农业部许可的植物性清洁剂，还有加入石灰和柏树油的水基挥发性有机化合物。他们还把玩具都放在柠檬汁和过氧化氢中浸泡。用新的亚麻垫替换之前的床垫，戴上橡胶手套处理孩子们舔过的玩具。由于员工不得随意说出患有疱疹的婴儿的名字，这就意味着接下来的几个星期里我得仔细盯着游戏室，直到找出患疱疹的孩子。这样我就知道应该避开谁了，就可以确保自己孩子的安全了。

其实要确定哪个孩子出疱疹并不难。大概两周后，一个小女孩右上角脸颊出现一小团疹子。可知道了谁是携带者，我也只是干着急，却什么也做不了。

我要保护我的孩子。

他处于危险之中。

我的行为很滑稽。

我很矛盾。

即使是在疱疹病毒暴发最严重的时候，我知道我们的问题就是权利的问题。我们幸运的是有我妻子的工作，同样值得庆幸的是我们能够享受硅谷提供的服务。是的，无可置辩，这就是上等阶层的问题，是选择把他留在这个让人眼花缭乱的托儿所，还是转到别的托儿所去。我很清楚：无论贫富，我们都有共同的责任让孩子幸福健康，然而，我们却不知道正确的做法。

一天下午，我从育儿室接孩子时，突然想到另一个小女孩已经缺勤整整一周了。我问了其中一位老师。她快速看了我一眼，然后悉数告诉我我需要知道的一切。尽管托儿所已经做出了最大的努力，但病毒还是传染给了另一个孩子。

我是否该为我的不作为感到恐惧、内疚和羞愧呢？的确，因为在某种程度上，我知道有些事情我可能会以不同的方式去影响别人，甚至在无意识的层面上动摇他们。发挥有震慑力的歇斯底里的力量本可以促使家长们带孩子离开这里，本可以让第二个孩子免受病毒传染，本可以让那些有可能感染病毒的孩子免受其害。然而，结果我什么都没做，由于我的不作为，我根本就没能保护这些孩子。

第 九 章

癔症本身就能引发奇特的传染

不久之后我就彻底带孩子离开了谷歌公司托儿所，又回到甘恩中学校园。我穿过几辆停放在维修工专用雨棚下面的高尔夫手推车，贴出的海报在宣传即将到来的春季音乐节。下午刚刚放学，走道上到处都是学生。

近来，我调整了一下奇特传染事件的调查方向。暴食症是我早期的研究对象，它只是强调了在没有显著的防御机制的情况下，正面治疗有多么困难。治疗方法便成了传播方法。

但是，我决定更有策略地下功夫进行研究。这项任务现在已经变成了一种确定的社会传染因素，这种因素会导致本镇的奇特传染事件。我们一旦确定了社会传染因素，就能阻止它们。在我和尼古拉斯·克里斯塔基斯的谈话中，他谈到了思想、行为和情绪感染的方式，并称其为流动。我的新假设是，如果帕洛阿尔托镇能够阻止足够多的个体社会传染的流动，那就有可能拖垮这个怪物。

当然，就每个人的行为都是依据自己的规则行事来说，揭示个体社会传染背后的作用机制就会出现问题。例如，传染产生的重压和负担在女性中间的传播就比在男性中间快得多，然而，性别对社会传染又没有太大的影响，比如情绪倦怠等。毕竟，社会传染并不是在真空中传播，所以追踪起来就更加困难了。社会传染还彼此相互作用。而且，并不是每种想法、每个行为和每种情绪的传播都和其他的行为一样简单容易。哪些事情能得以传播，能传播多远，这些都在发生变化，变得日益复杂，最终让人难以捉摸。

从我儿子在托儿所的经历我明白了一个应该先注意哪里的道理：癔症，是这场汹涌翻腾的风暴的自然结果。如今，我在甘恩中学研究癔症在这里的表现和产生的影响。

这仅仅是我第 4 次到甘恩中学，但已经直觉地感受到这些学生的优秀和他们强大的能力。他们的目光中有种锐利的东西，还有本该属于年长他们两三倍的人才有的断然态度，这种态度只有在漫长人生中经历过失望、不满和心痛才会拥有。自从这里发生自杀事件以来，孩子们便也有了这种断然的态度。

面对世界，学生们展现出一些不切实际的幻想。我发现要协调这诸多的矛盾几乎不可能。黛博拉 · 布伦纳–利斯将治疗向南延伸至称为极端之一的硅谷。“帕洛阿尔托镇孩子的性情气质和其他地方的孩子都不一样，”布伦纳–利斯一见到我就对我说，“年轻人正以尽可能快的速度奔跑着，而且越来越低龄化。他们尝试着在各个领域都有所建树，即使是那些有内部矛盾和无法触及的领域。”当她说到这些时，她的声音里充满了恐惧，我还感受到一些失望的情绪。到现在我在这个小镇住了半年多了，我已经注意到了那种不协调，一种父母在孩子身上不断施加压力的不协调。甘恩中学的学生几乎不上小学，不等中学毕业就中途去众多学生梦寐以求的常春藤大学就读了，他们走在通往前所未有的成功的道路上，手握成沓的大学先修课程和课外活动的成绩单，不断填充个人简历，胸怀着希望和忧虑展望未来。

还有，我对这些孩子的解读很可能是错误的。当我问及学生们在甘恩中学的生活状态时，他们通常说到的都是健康向上的事情：分数并不重要；社会支持就是他们的安全网；自我关爱非常重要；精彩的人生关乎人际关系和爱，而非金钱与成功。我认为他们相信他们在向我讲述事实。我也相信，对于他们当中的许多人来说，事实的反面也同样是真实可靠的。非常具有说服力的在校成绩平均绩点既是一种负担，也是在许多方面衡量个人价值的标准。拥有好朋友和好时光易如反掌，但要拥有这些，就要以牺牲时间为代价，需要花很多时间完善自我，提升个人智慧，在广阔的领域里凸显自己，让其他人都相形见绌。我很怀疑到底是什么让这个小镇出现如此极端和变化多端的矛盾现象。对于帕洛阿尔托镇的孩子们来说，一切无关紧要的事情都是至关重要的核心事情。

至于什么样的弱点能将生者和逝者区分开来，我真的完全不确定。无论如何，即使当我更清楚地了解他们的故事的时候，我还是一点都不确定。其中一个自杀的学生很喜欢研究布料之类的纺织品，喜欢把纽扣缝在布料上，还通过服饰设计将人物融入戏剧表演中。还有一个自杀的学生是大学代表队的摔跤手，在赛场很有拼劲儿，擅长下压防摔和双背压制，能将身体重心下压，以对抗对手的力量。还有一名自杀学生是网球手，打球时很活跃，嘴里时不时嘟哝着抱怨几句，又能挥汗如雨，打得对手人仰马翻。还有一名学生在学生事务方面非常活跃，能听取各方意见，学习运用系统软件进行工作，并不断改进系统问题。尽管我们在高中及其他地方都有各自的经历，但是事实上，我们每一个个体都非常容易受到穿梭于世俗事务和日常生活中的社会传染的影响。每时每刻人们都有极大的可能去模仿这些社会传染，都有机会吸收并反映一些外在的本能和欲望，并将它们融入自我的个性之中。我开始明白，尽管人与人之间存在着个体差异，但是社会传染的语言对我们每个人都会产生影响，当然也包括甘恩中学的每个学生。

我今天来学校是要和一位很了解学生的老师见面的。他就是在甘恩中学从教 20 年、教过语言和戏剧课程的保罗 · 邓拉普。从他发起由学生主导的监督团队之后不久，我就认识了他，他发起的这个名为ROCK的团队关注学生的自杀想法和心理问题，ROCK意为伸出援手（reach out）、关爱他人（care）、了解他人（know）。

在极其宽敞的教室里，等待我的是一位身材魁梧、留着平头的男人。空课桌呈扇形散开。身材高大的他缩着身体坐在一张只适合中学生身材的课桌前。

邓拉普告诉我，在第一起自杀事件发生之前，他仅仅参加过两次甘恩中学紧急全体教职工大会。第一次大会是在 2001 年，向教师们通报发生了“9 · 11”事件。第二次大会是通知教职工，以美国为首的军事联盟已经进驻伊拉克，标志着战争的开始。自那以后，这种偶尔才召集的紧急大会自从上学期末让–保罗 · 布兰查德卧轨自杀就变成了半例行公事。到 2010 年初，“我们所有教师都开始关注每个学生，想知道谁会是下一个，”他对我说，“环顾四周，总会有种感觉：明天我们还能见到每个学生吗？”

戴安娜 · 卡普在《旧金山》杂志上发表过一篇文章，她在文中提到，由于不断加剧的歇斯底里的情绪，城市内部出现日益紧张的状态，这种情绪也将社区推向恐慌的氛围中。在我看来，这实际上是一种双重的歇斯底里，一部分是对替罪羊的迫害，另一部分是充满着恐惧的狂热。因为没人知道谁会是下一个，那么就会假设任何人都可能是下一个。为了应对这些恐惧，作为学龄孩子的智库和多学科治疗中心，儿童健康委员会将邀请近 60 位心理学家和教育专家组成预防自杀行动呼吁委员会。来自十几个教派的宗教领袖也已经主持了数场城镇集会。学区、市政领导还有家长们都忧心忡忡，充满着愤怒和恐慌，这种可怕的现象也笼罩着镇子上的孩子们，助长了他们内心的恐惧情绪。

对于每个自杀的学生来说，助长有传染性的歇斯底里的狂热已是事实，在火车撞上他们之前，已经有人把其他人拉下了铁轨。到目前为止，在帕洛阿尔托镇的年轻人中，有3%的人正在就他们的生命做出认真严肃的尝试。在不到一年的时间里，这个小镇的自杀死亡人数急速增长了20倍。治疗专家正在为40多名有自杀想法的学生做治疗。即使是最从容不迫、最有分寸的人，这也足以引发他们歇斯底里的情绪。

邓拉普述说了他对帕洛阿尔托镇的担忧，他觉得这种担忧正在日益加剧。现在硅谷专门从事情绪健康管理的公益机构的接诊量比之前大幅增加。甘恩中学已经请来了全国知名青少年心理学家，并引进全国同伴帮助协会来培训辅导员。每一起自杀事件都会加剧厄运来临的风险和感觉。这不仅仅是在学校里，整个小镇都被一阵自发的狂热所席卷，人们会对这一系列的可怕事件做出反应。邓拉普不想承认他无能为力，我们在行动时很迷茫，在做出决议、解决问题时也很绝望。所以取而代之的是，他采取了一种仪式。他说："每节课下课前我和学生都进行这种仪式，我让学生们面向他们的同桌，向彼此保证——他们彼此之间还会再次见面。"这真的就是他唯一能想到的可以做的事情。

癔症助长了我们想象最糟情况的能力。即使是在不大可能的事情上，我们还是确信在不可避免的情况下，坏事必定会发生，当坏事发生时也是不可阻挡的。

和许多人一样，我听说的关于癔症的第一个故事与19世纪马萨诸塞州塞勒姆驱巫案有关。今天，透过符合实际的和心理学视角来看这些案件，我看到一个镇子极度渴望尝试着缓解与快速发展的社会经济变化息息相关的偏执和焦虑情绪。17 世纪的历史文献资料大量记载了关于疯狂的女性状况的神话，这种状况被古希腊"医学之父"希波克拉底称为"彷徨的子宫"。剧作家阿瑟·米勒在他的诗体戏剧《塞勒姆的女巫》(*The Crucible*) 中描述了患有癔症的少女。他用孩子们的表演展示这种狂暴的状态，孩子们表现得就像是被逼得走投无路的困兽，尖叫、打滚，像被某种狂躁症感染了一样。我上大学时读过古斯塔夫·福楼拜的《包法利夫人》，书中描述了患有癔症的一些迹象，如眩晕、焦虑、窒息感、不安、忧郁、无聊、烦闷。亨利·詹姆斯在他的作品《螺丝在拧紧》中刻画了一位家庭女教师如何慢慢发疯，变得充满恐惧、偏执和幻觉。甚至是欧内斯特·海明威的小说《太阳照常升起》中的女主人公布雷特·阿什利女士的轻佻、乱交和独立精神都有可能表现出歇斯底里的症状。

19 世纪，癔症席卷欧洲，法国的疯人院里每五个病人中就有一名患有这种流行病。神经学家让-马丁·沙尔科对癔症进行了研究，将其状况视为由于遗传缺陷导致的生理疾病。他开始苦苦寻找中枢神经系统的功能障碍，但一切努力都是徒劳的。他推测癔症是一种神秘的病变结果，这种病变就隐藏在身体内部的某个地方从而引发心理疾病。沙尔科也是首批利用催眠来证明癔症和大脑思维如何与生俱来就相互联系的研究者。他的研究范式引领着精神病学家伊波利特·伯恩海姆把癔症解释为一种对压力的夸张反应。伊波利特认为，因为人是极其容易受影响的，只要是在适当的条件下，任何人都可能死于这种癔症的发作。

他坚持认为癔症具有社会传染的特性，它能够通过单纯的暗示就在人群中有所表现并且加以传播。西格蒙德·弗洛伊德采用沙尔科的催眠方法带病人找到他们症状的根源。这种暗示的力量如此显著，以至于弗洛伊德断言他能治愈癔症性抽搐、麻痹、癔症性失明和间歇性发作。我无法想象这种暗示对弗洛伊德治疗癔症没有什么作用和影响，这种暗示和最初导致癔症的机制是一样的。

纵观历史上关于癔症的大量记载，很明显的一件事就是恐惧的效力，它是一剂稳定不变的催化剂。我思考着这一现象，以及保罗·邓拉普对未来和未知事物的恐惧。自从我们谈过话之后，我又回到成堆的档案中，尝试着找出其他城镇在陷入奇特传染中时，是如何平息这种基于恐惧的癔症的。这项研究又让我找出不少的故事。

其中一则发生在印第安纳州费希尔小镇的案例一直萦绕在我的脑海中。2004 年费希尔居民齐集在一座小型市政楼里，讨论基地组织成员在本地农村即将发起的恐怖袭击所引起的恐慌。随着国家安全部门重点关注大城市的恐怖威胁，人们都开始担心极端分子可能将袭击目标转向不设防的地区，可能是堪萨斯的一家杂货店，可能是得克萨斯的一个游乐园，或者是内布拉斯加的购物中心。人们的担心都很实际，所以美国中央情报局和各小镇的执法官员依据反恐作战指示，授权农村地区进行自我防御。国土安全部还提供了各种资源和反恐训练。然而，国际恐怖主义威胁从没有在费希尔存在过，无论何时，都毫无证据显示该小镇会是恐怖袭击的目标。尽管恐怖袭击毫无任何事实依据，镇上的居民也是杞人忧天，但恐惧本身却真实存在。

这是因为恐惧作为一种强有力的社会传染，没有人能对其完全免疫，不受影响。作为日常生活的观察者，我们的内在机制、直觉，以及对世界的透彻认知，都会通过他人对日常事物和情况的响应表现出来。恐惧会出现在以独特货币进行的特有交易中，会出现在一种带有迷信色彩的神奇想法中，这些都让人们在没有任何理由的情况下有一种控制感。这就解释了为什么我们要往身上撒盐，为什么要焚毁画像。

在我儿子刚出生的几个月里，可以说他是初生之犊不畏虎。在我看来，恐惧这种事情似乎会随着年龄的增长而增加，这与传统观念认为的随着经历和时间的发展人会变得更加勇敢是完全相反的。然而，我们与他人相处的时间越长，就越有机会让恐惧等情绪映射到我们的思维当中。20 世纪 80 年代，迈克尔 · 库克和和苏珊 · 米内卡两位研究人员对比过两组猴子在面对蛇时做出的反应。在遇到蛇的时候，野生猴子的面部会流露出恐惧的表情，并表现出灵长类常有的逃跑本能。但是，实验室里饲养大的猴子不曾接触过什么让其产生恐惧的事物，也没什么躲避潜在危险的知识，所以面对蛇的时候能保持镇定，甚至还在蛇周围嬉戏玩耍。在野生丛林中生活的猴子和其他灵长类动物，能直接接触到基于恐惧的反应，就会直接模仿其他动物的恐惧反应。

恐惧也在人与人之间跳跃传递，有时，在我看来这就是一种人与人交际沟通的桥梁，而这座横跨在人与人之间的桥梁是基于人的恐惧由表情、姿态和语气共同形成的。当所有的交际情绪在他人的头脑中形成一种记忆和感觉的反馈回路时，我认识到，恐惧尤其会以一种超越常见的微妙和难以察觉的暗示进行传播。2008 年时，纽约州立大学石溪分校一直致力于发现恐惧的社会蔓延这一异常现象。该分校收集了新手高空跳伞员初次从飞机上跳下之后的腋下汗液。之后将两种汗液放入喷雾器中——其中一种是基于恐惧的汗液，然后让参与实验的志愿者吸入。当志愿者在不知情的情况下吸入基于恐惧的汗液时，与恐惧相关联的大脑区域下丘脑和小脑杏仁核就活跃起来，该大学的相关研究实验室就此指出，“人类的社会动态学中可能存在一个隐形的生物成分”。

恐惧，无论是通过生物信息素传播，还是通过直接或间接的观察传播，它都是影响极其深远的社会传染之一。我理解这种恐惧。回家之后我想了想我们所做的一切。我们担心在自杀孩子的阴影下养育我们的下一代的问题，不管是什么让他们做出了结束自己生命的选择。现在，帕洛阿尔托的这个耻辱让我们感到恐惧。如果病毒是死亡，那么恐惧就是幽灵，在我们周围漫游、萦绕在我们心头，甚至支配我们的言谈举止。在这里，在铁轨上自杀并不会激起足够强大的恐惧阻止人们探寻出路。然而，此时帕洛阿尔托的这个耻辱，就是嵌在我们胸前的无可争辩的符号，仿佛这个地方的精神终有一天会把我们的孩子从我们身边带走。

当然，正如罗尼 · 哈比卜曾经向我指出的那样，现实情况是，大多数的孩子都很安全，没有受到自杀倾向的影响。然而，有时恐惧就是一种自我应验的预言。即使我们的恐惧是不合理的，这些恐惧还是会引导我们做出选择，做出的选择实际上会导致我们正试图避免的事情发生。当人们避免去公园是出于对罪犯袭击的恐惧时，公园就成了危险的地方，然而，没有什么地方比空荡荡的公园更能吸引犯罪分子的了。这种效应也会在我们身体内部发生。恐惧在大脑中诱发一种反应，这在大脑中本身就是一种不良结果。恐惧会在我们的头脑中形成循环，操纵脑细胞，激活神经递质有所产出，并且改变激素的状态。生理和行为反应的联动不断扩展，同时会增加血液流动，激活大脑边缘系统，并唤醒大脑前侧和内侧的下丘脑。人的心率加速，向全身泵血，当所有其他机能都衰竭了，血压就开始下降、血液循环减慢，就会引发类似于装睡那样的晕厥反应。

让我的想法从理性变成非常不理性进入恐惧的死角并不困难。我告诉自己，如果威胁不是实际存在的，那恐惧也是很不理智的。

距离帕洛阿尔托镇 300 英里处，有一个在现代历史上最具破坏性之一的基于恐惧引发社会传染的地方。我曾听说过这个地方的故事，但是，我之前从没见过类似的事情或不知道它对我所在的小镇有什么影响和意义。或许更重要的是，这个地方的社会传染已经终结了。

30 年前，社会传染出现在这个人口稀疏的农业小镇——加州的克恩县。沉寂的克恩县和硅谷相比，无论是在发展步调上还是工业化方面差距都很大。然而，回首 1982 年，克恩县和硅谷却有着惊人的相似之处。这两个山谷地区都是高密度农业地区，到处都是橘园、杏园。尽管原因不同，但当时这两个地方的人口增长速度都非常快。当科恩县石油开采生产一路走高时，硅谷正投资于半导体产品，并与日本展开了贸易战。然而，由于这些变化孕育了文化方面的差异，这两个地方的差距日益拉开。就在同一年，《美国国家地理》杂志注意到，硅谷突然吸引了一大批勤奋努力、以智力为导向的工作狂群体，他们正逐渐沦为酗酒、离婚和压抑的牺牲品。《美国国家地理》杂志还提到，“职业倦怠已经成为一种常见的硅谷综合征，因为并不是所有的人都能保持赢家的形象和姿态”。

在远离那种快速发展的寂静小镇附近，两个小孩的继祖母对他们的父母黛比和阿尔文·麦克昆恩提出了可怕的指控。在警察对孩子的单独问询中，两人都向调查人员提供了关于性侵犯和涉及邪教仪式离奇细节的证词。他们的证词还波及当地另一个姓科尼芬的家庭。两个受到控告的家庭受审后，数罪并罚，被判处长达 1 000 年的监禁。

歇斯底里的情绪之风就此吹了起来。在洛杉矶县南部，一名蹒跚学步的 2 岁幼儿的母亲指控麦克马丁托儿所工作人员雷蒙德·伯凯虐杀动物，搞邪教崇拜，并猥亵她年幼的儿子。这一指控造成了 20 世纪 80 年代前所未有的美国历史上审讯时间最长、费用最高昂的案件。警察给该托儿所的家长们发出信件，鼓励他们对孩子们可能遭受的虐待进行询问。这项调查又牵扯出另外 360 起个人崇拜邪教式侵害和虐待。

马萨诸塞州莫尔登市的一家日托中心勤杂工杰拉尔德·阿米罗遭到孩子家长的指控，称其猥亵他们的儿子。另外 9 个孩子自告奋勇说出在托儿所的密室里，该勤杂工让他们观看他实施动物祭祀。阿米罗因孩子们的证词被判在州立监狱服刑 45 年。调查人员也没有在该州进一步找寻更多案例。1984 年 10 月，附近的皮茨菲尔德市的小伯纳德·巴兰也因相似的指控被捕，以类似的罪名被判处终身监禁。

同年，在佛罗里达州的迈阿密，法院裁定一名叫弗兰克·福斯特的男子猥亵他所在托儿所的孩子。另有 19 名孩子曝光有关蛇和施虐者戴恐怖面具的故事。当时检察官简内特·里诺最终判定弗兰克有罪，并将其判处无期徒刑。

在布朗克斯区的日托中心，人们发现有邪教崇拜者；在新泽西的梅普尔伍德、长岛的大颈镇、加利福尼亚的斯普林瓦利都有相似事件。1989 年，在北卡罗来纳州的伊登顿市，7 名成人在强奸儿童和滥用邪教仪式事件浮出水面后被捕，所有被告均被判刑。在得克萨斯州奥斯汀市，一起可怕事件最终导致弗兰西斯·科尔和丹·科尔被判有罪。他们被指控给孩子提供注有血液的酷爱牌饮料、从墓地挖出尸体并肢解死尸。因为这些暴行太疯狂简直没有人相信，两人被判入狱服刑 21 年。之后，邪教仪式崇拜和儿童性侵害就像瘟疫一样影响到加拿大萨斯日喀彻温省的马滕斯维尔市，当地经营一家儿童看护服务和日托中心的女性被控告性侵了十多名儿童，并与被称为公羊兄弟会的异教组织有关联。官方相继曝光了发生在巴西圣保罗、法国、意大利和新西兰等国社区的类似案件。

再说回克恩县，一个特别专案组继续对几十起判决进行定罪。此时这些案件的证人开始公开承认他们证词的错误，但不少被告已经在监狱服役了几十年。

巧合的是，就在针对麦克昆恩夫妇和科尼芬夫妇提出控诉之前，当地社会工作者收到一些令人质疑的培训材料，该材料错误地将邪教仪式滥用也归为儿童性侵的一部分。这是一种相当自然的反应，无论何时，个人偏见蒙蔽了对某人或某种情形的判断，这种反应或现象就会表现出来。也就是说，当你知道你在寻找什么的时候，你会很容易发现一些迹象，即使根本没有看到什么。

发生在洛杉矶的麦克马丁托儿所的案件中，原告后来被诊断为急性精神分裂症，而且其中一名作为证人的孩子后来还翻供了。对杰拉尔德·阿米罗的指控靠的是孩子们的证词，但这些孩子都被一些可疑的、有极强暗示性的审讯技巧裹挟过。发生在迈阿密的弗兰克·福斯特案件中的证词也如出一辙，导致易受影响和控制的孩子们做伪证。在其他案件中，指控都源于邻居间的人际纠纷，还有整个社区中偏执狂的证词。

后来法院裁定，迫于癔症压力的指控和定罪都得以获准。从如此可怕的开端中涌现出的恐惧蔓延给全世界都带来了负面影响。然而，不知怎么的，整个世界在设法终结这可怕的篇章。

在确定世界如何抑制基于恐惧引发的癔症的传染时，我发现了一些非常令人惊讶的事情。虽然一种奇特的传染完全有可能引发传染性癔症，但是癔症本身就能引发奇特传染。这在费希尔发生过，在科恩县发生过，帕洛阿尔托镇也正在发生这一幕。

第十章

集体癔症的怪圈

詹姆斯·鲍德温的作品《下一次将是烈火》（*The Fire Next Time*）中的一句话一直萦绕在我的脑海中：“一代又一代人不停地出生，我们要对他们负责，因为我们是他们唯一的见证人。”在我调查之初，尼古拉斯·克里斯塔基斯告诉我，如果要说研究社会传染的经历教会了他什么，那就是，基于社会传染强大的影响力，我们有更大的责任去留心和照顾彼此。然而，更重要的是我们如何做到这一点。有时候，追寻癔症的源头恰恰是使之得以永久延续的事情。

为了阐明他的观点，克里斯塔基斯向我讲述了早在20世纪60年代发生在坦桑尼亚的一起癔症的案例。该病出现在一所教会开办的寄宿学校里，在校女生在没有任何明显原因的情况下开始大笑，而且无法停止。克里斯塔基斯说这不仅仅在教室形成干扰和混乱，这种情形从教室蔓延到宿舍，学生们无一例外，纷纷受到影响。这则案例说明基于焦虑引发的，类似于抽搐的集体心因性疾病会以惊人的速度影响到普通人。在这些症状出现后的3个月里，恣意任性的大笑成为一种社会传染，导致全校 60% 的学生受到影响。至于如何关照受传染的学生，学校也不知所措，无计可施。

学校管理层在没有任何办法阻止症状传播和救助学生的情况下，只能选择停课。克里斯塔基斯说停课的策略看似促成了上述两件事，实际却没有阻止症状的暴发。相反，这一策略的极端反应是整个国家都相信这种痛苦折磨真的非常危险。而且，把受惊吓的学生送回自个家中，歇斯底里的大笑症状传播起来就更不受控制了。学校停课后 10 天，笑声传染的 200 起案例中的第一起已经传播到纳沙穆巴的村落，后来，影响到拉马舍耶村的一所女子中学。医学研究人员深入到这些炎热的地区，检测毒素和传染病。乌干达的恩德培病毒研究所对血液进行生化、细菌及微观畸形等方面的检测，并对病毒抗体的产生进行了评估。科学家还从当地的水井和溪流中收集雨水，检测香蕉、豆子及肉制品的来源。然而，这些调查都毫无进展。但是《中非医学杂志》继续追踪大笑症的快速传播，以及“村庄社区中相当大的恐惧”。

克里斯塔基斯继续说，后来心理学家注意到一些不同寻常的东西，就是学校关闭、那些正式的调查研究和大笑症自身之间的直接联系。他说：“我们如何彼此回应和关照才是重要的，我们目睹了权威人士对癔症做出的反应，这种反应使得病症得以传播。”

后来，调查人员在费希尔、印第安纳也遭遇了同样的问题，各个城镇准备着对随时可能发生的恐怖袭击进行自我防御。城镇居民召请美国联邦调查局和中央情报局指挥部分析人员，两大部门也向费希尔派驻了反恐专家。当地警察局长、国土安全部官员、特勤局以及其他联邦、州和当地执法机构举行公众听证会。如果真的有任何关于恐怖分子正在策划袭击费希尔的怀疑，那么这些如临大敌的反恐措施就表明危险并非毫无事实依据。当局试图证明他们对危胁的重视，但他们的存在，只能让忧心忡忡的民众认为确实有什么问题，并表明民众的担忧是合理的。对抑制癔症最合理的反应只会加速其散布和传播。

在克恩县，每一起有罪判决都证实了这样一个信念：恐惧不仅是真实存在的，也是非常有必要的。这并不是说我可以责备社区居民。换作是我在他们的立场上，也一定屈从于相同的癔症，这完全是出于保护我儿子的本能反应。我意识到，把所有这些故事联系在一起的东西，实际上就是照顾好我们的孩子这一最自然的本能。这种冲动驱使我以无伤大雅且看似温和的理由让孩子从谷歌公司托儿所退园。

无论危险是否真实存在，我们对这些危险做出的反应，就是投入一切能解决问题的资源——召请中央情报局、环保局、联邦调查局，甚至请来疾病控制中心，希望这些措施能够奏效。只有到最后才发现，其实一开始并没有什么危险，那些言过其实的反应根本没有起到什么作用，只是煽风点火，加速传播罢了。发生在坦桑尼亚的大笑症本来也没什么，只是一小部分女孩子因压力导致身体上出现了一些症状。印第安纳州也根本没有发生所谓的恐怖威胁，人们的反应加剧了对其的推测而已。克恩县的托儿所也完全没有任何和邪教组织沾边的危险，只不过是过度敏感和大量的误报误传导致了过激的反应。

历史学家诺曼·科恩曾写道，真正患有癔症的人能赋予该症以信心、活力或是冷酷，使其能够吸引大批的人，而这些人自身根本不会陷入偏执狂的状态，仅仅只是表现出憔悴、有所渴望，或者感到惊慌。对这种说法我确信无疑。然而要真正理解集体癔症，我们就不得不关注人类行为的本质，关注本来逻辑正常的人是如何陷入恐惧牢笼的，关注我们是如何轻易改变或扭曲这种疯狂的，关注其症状是如何在人群中轻而易举地传播的，它不仅控制了心性稳定的人，还打破了我们赖以生存的根基。癔症让不可能的事情都变得合理和符合逻辑。这样做，它就变成了一套自我复制的系统。一次托儿所的危机就能促成一次有组织的反应的必要条件，还能招致牢狱之灾，并引起媒体关注。这套自我复制系统还能制造出癔症，强化人们对一个从未存在过的问题的认识和看法。这种串联似的过程就是一个永无止境的叠加，是一种镜像似的循环。

我们对彼此的责任应该是探寻事实，而非就这么轻易地投入这种疯狂之中。解决之道应该是靠逻辑而非谬见。调查人员没必要深入坦桑尼亚继续调查了。中央情报局和国土安全部的官员们只管待在华盛顿就好，用不着继续在印第安纳州调查研究了。忙着在克恩县及其他地方查找和起诉无辜民众的专案组也可以解散撤离了。完全没有证据显示癔症是真实存在的，所有的调查人员自然会全部消失。只要证据能替代恐惧来说明一切，那么传染自然就彻底根除了。

我到加油站把马自达加满油，用雨刷器把挡风玻璃清理干净，之后就驱车前往犹他州的中央山谷。我开车驶过克恩县沃克斯和巴顿威洛的几个小镇。这一路走来看到的都是特别平淡无奇的景象：房屋朴实无华，草坪精心修剪。一栋房子前的私人车道上还立了篮球架。在隔壁街区，街边停放着一排小货车。一所高中足球场上高高的草坪灯在远处亮着。我根本看不出这里有任何与众不同之处，即使这里暗示其蕴含独特的破坏力，还是很明显可以看出所有关于社会传染的痕迹早已消失殆尽。没有任何迹象表明这里曾经是一场可怕的瘟疫般恐慌的发源地。

我在克恩县待了两天，遇到一些年事已高的人，他们清楚地记得是如何度过那个高度偏执的紧张时期的，他们承认事情是在隐秘的、心照不宣的许可下发生的——那黑暗的篇章已经被他们远远抛在身后。没有什么比这种盲目的恐惧更可怕的了，就像在自动导航上设置好系统，然后用锤子敲控制面板的那种恐惧，这种事情几十年来就在这个地方发生了。我们根本无须以任何理由怀疑这种事情还会在这里发生。

然而，克恩县托儿所的癔症已经平息后的30年，一种不太明显的不信任感在表象之下继续滋长，正如一位母亲向我透露的那样，一年前她送孩子进托儿所之前还一直犹豫不决。和我交谈过的一位土地评估员记得他 80 多岁的叔叔婶婶曾被怀疑是邪教组织成员。为了避免牢狱之灾，他们逃离小镇，加入了马戏团。从某种程度上讲，他一直都清楚地知道这些指控其实都是伪造的。然而，他说，家里的亲戚们也对他们有所怀疑。假如这是真的又会怎么样呢？

这些奇闻逸事让我明白，像癔症这样的社会传染有可能会自生自灭，但是它也会在文化和集体记忆中留下不可磨灭的印记。在帕洛阿尔托镇，面对学生自杀事件的不稳定后遗症，恐慌促使当地官员请来知名心理健康专家。一个由宗教领袖、医生和警察组成的团体设立了大概 24 个项目，为的就是给帕洛阿尔托镇的孩子们营造一种能提供援助的氛围。镇子上还考虑设立志愿跟踪观察员在铁轨旁站岗。校方为全体教师提供了一个全系统范围的精神健康课程和防范自杀意识培训项目。学校还彻底调整作业为学生减负，第一阶段的调整让学生有了更充足的睡眠。我不知道这些措施是否必要，也不知道这些反应是否过分。只是这些措施中的一些看起来还是比较符合逻辑的。

还有假如整个校区采取的这些策略——表现出我们疯狂地需求要重新获得控制权，并被一种我们几乎没有的感觉所支持着，仅仅是为了强化一种想法，即每个孩子都陷入导致自杀的绝望境地将会怎么样呢？在这种情况下，我们只是延续了一个错误的想法，比如说恐惧，能很快演变成一个自我应验的预言，会加剧焦虑和压力的反应。就像是意识这把双刃剑，阻止这种社会传染又会变成另一个“第二十二条军规”（互相抵触之规律或条件所造成的无法脱身的困境）。为了阻止这种传染，我们必须行动起来；为了行动，我们又不能阻止它。

然而，阻止癔症是至关重要的，而且即使处于有标准的和基于事实的反应，阻止它也是有可能的。与此同时，我在克恩县发现的迹象表明，一旦我们在本地消除了癔症，那么任何事情都可能发生，在帕洛阿尔托镇发生的一切很可能注定让我们未来的几代人都会产生持久的恐惧、不确定性和怀疑。

第十一章

反安慰剂效应

在我驱车从中央山谷回家的途中，穿过阿尔塔蒙特山口时，我突然意识到关于社会传染仍然有一个因素悬而未决。正是这一点使得帕洛阿尔托镇的情况和其他像克恩县和坦桑尼亚等地的情况有所不同。如果癔症有传播迅速、深远和广泛等倾向，那么为什么帕洛阿尔托以外的城镇不像我们那么担心孩子受到自杀事件的影响呢？帕洛阿尔托是独一无二的，但也不至于独特到周边其他城镇不会受同样因素的影响，尤其是那些和硅谷有着几乎相同的人口背景特征的城镇，这些地区的人也都比较富裕，普遍受科技驱动影响，在事业上也非常有雄心壮志。附近的洛斯盖多斯镇、洛斯阿尔托斯镇和门洛帕克镇都报道过自杀事件，然而并没有像帕洛阿尔托镇上的人们这样的反应出现。事实上，一些地方努力避开来自社会服务的帮助，在它们看来，社会服务要么可能做出最理性、最有策略的反应，要么就是令人难以置信的否认。无论哪种情况，发生在帕洛阿尔托的癔症依然被局限在其精确划定的边界之内。

在一个灰暗阴冷的早晨，我的航班在芝加哥中途国际机场降落。我从租车中心租好车，一路保持 63 英里的时速向西开往沉寂的迪卡尔布县，在那里棕色、灰色的谷仓散落在伊利诺伊州东北部的农场上。小村镇装点着乡野，西风流线列车从这里横贯而过。阴沉的冬天里，在覆盖着烟灰色大雪的冰冷大地上，稀疏地长着一些已经掉光叶子的大树。在过去的几年里，满载着块状发电机的大货车驶离 55 号州际公路，改道驶上依地形而修的临时公路。卸下的 126 座风力涡轮发电机塔架现在都已经架起来了，高耸着直入云霄。这些发电机所发电量足以为 50 000 个家庭供电。

与 400 英尺[①]高的塔架相距最近的人们得到的不仅仅是供电。风力涡轮发电机还干扰了这些人的睡眠，导致他们出现了轻微的耳鸣。辐射引发了人们严重的周期性偏头痛。发电机上转动叶片的影子不停地闪动，也使人们出现定向障碍、头晕目眩，甚至反胃恶心等症状。

对风电场的不满不仅仅出现在迪卡尔布县，这种令人费解的病症也困扰着许多风力发电项目。类似的抱怨还出现在加拿大、英国、意大利，还有不少像马萨诸塞州法尔茅斯这样的美国城市。2009 年，康涅狄格州儿科医生尼娜·皮尔庞特提出一种解释。她认为风力涡轮发电机产生的低频噪音会引发内耳的紊乱，并

① 1 英尺约为 0.30 米。——编者注

导致一种被她称为“风力涡轮发电机综合征”的疾病。她的证据似乎是指向风电场出现的次声波，如今在很大程度上因为样本大小错误、缺乏实验对照组，以及没有同行复核审查等问题遭到质疑。自此以后，十多项科学研究评论都明确地指出，风力涡轮发电机不会引发特有的健康风险，而且从根本上来说是很安全的。但这对于迪卡尔布县的居民来说，似乎并不重要，毕竟他们的症状是真实存在的。

马克 · S.米卡勒教授提出，癔症是一种另类的交流形式，对于那些可能无法说话甚至不承认自己感受的人来说，它就是一种原始语言。理解癔症就是要破解原始母语所要表达的社会传染。归根到底，风电场引发的癔症是为了让风力涡轮发电机远离他们土地而激烈斗争的当地人发起的一场对话，他们的立场如此有争议，以至于激起了一些心理上的反应。

这种独特而原始的对话背后蕴含的科学依据可以追溯到 20 世纪 60 年代初期。当时一名叫沃尔特 · 肯尼迪的内科医生尝试用安慰剂效应进行实验。肯尼迪惊讶地发现，一种惰性糖丸能产生积极有效的健康结果。时至今日，尽管已经证明安慰剂效应背后的确切机制针对多达 80% 的患者在改变大脑的神经元回路和复杂的化学构成方面非常有用，但确切机制本身还是非常复杂，令人困惑不已。患者接受安慰剂时精神上的专注、个人期待和周围环境以及药片本身的形状、大小、颜色都能让人体会到切实的疼痛有所缓解、血压降低、情绪变好。安慰剂的影响力如此之大，以至于在一项很有趣的效果研究中，哈佛大学研究人员发现，让患者相信他们正在服用真正的药片在很大程度上是一种完全不必要的骗术。在2010年一次具有开创性意义的研究中，研究人员们坦言，他们会告知每位患者将服用安慰剂药物。不过，参与者报告的症状缓解程度是根本没有接受治疗的患者组的两倍。

但是，在1961年肯尼迪所做的实验中，他发现了一种特殊的安慰剂，是一种大规模发挥作用的社会传染。他称之为“反安慰剂效应”（nocebo reaction），这种反应并没有产生积极的效果，它允许使用等量的惰性糖丸，让人们产生不愉快的反应。作为一个研究领域，反安慰剂给内科医生和心理学家提供了一种认识人类大脑思维力量的新途径。2006年，一批医生欺骗帕金森病人说将切断他们的大脑起搏器，之后很快这些病人的帕金森症状就开始加重。2010年，罗马大学让一组有乳糖不耐受症的人群喝牛奶。尽管参与实验的人拿到的都是葡萄糖，但还是有近一半的参与者感觉身体疼痛。后来，哈佛大学在波士顿的贝斯以色列女执事医疗中心的安慰剂研究项目中证实，反安慰剂效应比他们见过的安慰剂效应更广泛，其功能强大到足以引起眩晕、胃疼、疲倦、呕吐、肌肉萎缩、感冒、耳鸣、记忆障碍及其他不良健康后果。

和安慰剂一样，反安慰剂充分利用了我们易受影响的特性，并有赖于智力、情绪和身体的弱点。糖丸是一种我们说起来就要充满仪式感和神秘感地进行反复思考的性状单一的物品，直到不良后果的预期会促使一些症状出现。消极的预期会加剧大脑区域、前扣带回皮质、脑皮层前额叶和岛叶的疼痛。反安慰剂效应能够影响可以调整我们情绪的大脑神经传导递质。在一个案例研究中，研究人员观察了一个试图吞服26片药自杀的人。由于不知道这些药片是糖丸，这个被观察对象仅仅因为相信过量服用是致命的，就经历了极其危险的低血压。后来该实验对象了解到他吞下的只是没有任何效果的惰性物质，症状就消失了。我们的身体对大脑的免疫力，并不比对大多数病毒的免疫力强多少。

迪卡尔布县的居民秉持的想法是这些涡轮机会对身体造成伤害。我很质疑我们到底相信什么——是对帕洛阿尔托教育体系的疯狂乐观，是我们的孩子的毅力，还是这个地方拥有的力量。或许帕洛阿尔托当地的文化就是一种反安慰剂，硅谷就相当于风力涡轮发电场。这个镇子体现出一种虚假错误的理念，那就是居住在帕洛阿尔托镇会对本地的孩子产生负面的健康影响，还有一种错误理念就是本镇滋生出压力、紧张，还有过高的个人期望。就像克恩县的居民对生活在他们中间的儿童猥亵者的情况始终持有一种不确定性，在帕洛阿尔托镇的居民中也存在这样的假设推测。我和持有这种不确定性观念的人们一样感到内疚。从内心而言，不理智的担忧让我觉得这个镇子会给我的孩子带来负面影响，担心当我们开始让他接受本地教育的时候，就像我们所做的那样，他会内化于既要能说得出感受又能保持沉默的要求。帕洛阿尔托镇附近的居民并没有因为该镇的文化是反安慰剂而做出任何相同的反应。不管是真的还是只是一种感觉，帕洛阿尔托表现出的让我们抱有过高期望的严重压力、要做到完美所承受的巨大的个人负担，以及其他一些特质最终导致镇子上的孩子变得沮丧、焦虑，对快乐感到麻木，甚至选择自杀。

社区又一次开始澄清事实，对存在的问题做出正确的陈述，并提供准确而且有科学依据的事实，帮助我们其他人不要相信这种癔症，不要相信这个小镇会给孩子们带来危害。恐惧在人们心中的声响很大，对人的影响也很大，所以理性的声音必须更大，理性的回答必须更有力量。小镇意欲不让孩子受到焦虑、压抑的传染，不让孩子被不妥协承诺、过高的期望、令人心碎的孤独和自杀想法等传染。然而，我回想起之前读过的关于患者故意吞服糖丸，并继续报告良好的医疗效果或者导致的损害健康问题的研究。正如杰拉尔德·拉塞尔所言，意识对于传播像暴食症一样的社会传染是最重要的。但是现在很明显的是，我们不仅担心一些具体的事实，比如像暴饮暴食和清肠等方法会形成社会传染被传播出去，还不得不和基于虚假错误理念的意识做斗争。但尽管如此，人们根深蒂固地秉持的其实也并非是什么客观事实。

尽管有人保证风电场是非常安全的，但是不顾及人们了解到的事实和所相信的一些案例，怀疑还是不会消除，因为还有人在生病，还有人在责难，还有人很害怕。

我在克恩县想看看是否风车会使我感觉不一样。我知道这些风车是无害的，然而，心灵远比它拥有的知识强大得多。在风电场，我可能会心率加快，会感到偏头疼发作，一阵阵恶心反胃的感觉让我无法继续支撑。

但实际上我什么不适的感觉都没有。

我在这里多待了些时间。开车穿过热那亚小镇。在西克莫 64 号公路不远处一家三明治店随便吃了点东西。

还是没有任何让我不舒服的反应。

因为癔症是一种精神疾病，我想它很可能会引起疯狂的行为。作家威尔·赛尔夫在其短篇小说《疯狂的数量理论》（*The Quantity Theory of Insanity*）中提到，世界上每一个场景中的清醒理智的总量都是有限的。精神失常的举动就像是病毒在人群中传播，在短暂的时间里与个体接触之后就进入另一个宿主的身体里。人们过着自己的生活，上下班、养家糊口、等待着自己时来运转。我就在这个风车镇上，开车穿过这个到处都是风力涡轮发电机的地方，等待着精神失常的举动出现在我身上。现在，我们在帕洛阿尔托镇，依然等待着癔症带来的疯狂支配我们。

第四部分

寻找社会传染的动机

上帝啊，我们该如何参与到对方的黏土作品中呢。在友谊里，每个人都扮演着陶工的角色，看看我们能将彼此塑造成什么样的形状。

——雷·布拉德伯里

第十二章

被“做得更好”驱使的孩子们

帕洛阿尔托镇推动着人们变得更加努力。这也是罗尼·哈比卜为我建构出的一种理念。他说过，这就好像他的学生感染了一种类似咖啡因的兴奋剂，这种兴奋剂会使人产生与现实脱节的感觉，让人心跳加速，并使人对这种个人驱动产生依赖，让人麻木，从而产生一种使快感缺失的感觉。而想要摆脱这种依赖的威胁又让人们筋疲力尽，但他们依然奋力推进、推进。

就在我们谈话的时候，哈比卜正在给学生们计算本学期的成绩，为他们进行评分和排名。他就像医生在做诊断那样记录下学生的分数。他说：“每个人都指出，这些孩子是被驱使的。”“他们想要成功。他们会加倍努力。”比起曾经在甘恩中学当学生那会儿，现在他作为一名老师就明白得多得多了，但是这只是20世纪90年代末期甘恩中学文化的一部分，这种普遍存在的欲望让学生们都去上最难最艰涩的课程，就像参与了非常激烈的竞赛那样投入到课程中去。或者说这就是一场全力以赴的战争。我从镇子上其他老师那里，从社工那里，从治疗师、学生，以及家长那里听说了此事。斯坦福大学哈索·普莱纳特设计学院的一名研究人员曾花一年时间走访全美各地的高中，在开展项目研究之前收集了大量信息。他告诉我说，在他走访的学校中，还从来没有见过像甘恩中学这样能激发学生个人主动性的学校。

癔症激起了这个小镇的恐惧和高度警觉，但是还有其他什么东西一直驱使着这些孩子。是的，这些东西包括恐惧、失败、不确定性，甚至还有更多的东西。

哈比卜说："这比孩子们所想的常春藤大学或者学业失败更重要。"

我提出："这就是一种个人挑战。"

他澄清说："不，这更像是他们已经意识到，像疯子一样学习对他们最有利。""一般来说，这就是他们所知道的一切。"

原因很明显：这种传染性职业道德就是硅谷的发展哲学——驱动更好产品的研发、营造更好的工作环境、塑造更好的领导模式、设置更透明的流程、推进更好的产品以更新换代，这里是革新的光辉榜样，这里的员工每周工作时间长达60到80小时，只是出于一个最根本的目的：做得更好。

硅谷这种不言而喻的魔咒很可能给孩子们灌输超高的期望、极端的驱动、高度的专注和完美主义的倾向。不过，我想知道这些说法是否正确。而且最终，一个人努力去把握动机真的很糟糕吗？

因此，通过再次回顾联邦电话公司的第一个真空管的发展，以及米罗华美国电视制造公司、惠普公司和瓦里安联合公司的建立，我重新审视硅谷这个地方的历史发展脉络。这种根深蒂固的职业道德的种子就是从这个基石上萌发出来的。然而，这种追求成功的极端动力并不是，也从来不是一种独特的文化现象。哲学教授穆萨·欧沃伊米提出，强烈的职业道德信条就是一系列对立的联系，是关乎道德优越感的信念，这些信念强调努力工作优于安逸，骄傲自豪优于粗心大意，甘于奉献牺牲优于奢侈浮夸，自食其力优于不劳而获。他认为，这是致力于努力工作的承诺，这么做是为了财富、为了社会责任、为了社区的改善，就像一些人所主张的，这么做是为了来世的回报。关于强烈的职业道德，犹太–基督教的文化因子影响了 16 世纪北欧的资本家，并通过日耳曼的移民传播到了美国。

最终，美国人的坚忍不拔和新教的工作伦理原则交织在一起，创造出了美国人自力更生的神话，即一个人通过个人的能力、智慧和韧性，白手起家并最终成为具有价值和重要性的人。不论是在职场还是在学校，人们对职业道德的信念通过同伴树立榜样和劝诱来重新传播。当人们有经济或教育动机需要这样做时，他们自然就会采纳那些想法和标准。

商业作者埃里克·切斯特强调，有传染性的强烈职业道德具有较好的传播特征，比如像正能量、职业着装、雄心、正直和感激——这些都是人们会无意识地从别人那里获得的。这种积极正向的溢出效应能够改变底线，成为出色表现的一种潜在驱动力。

但其反面也同样成立。心理学家丹尼尔·戈尔曼在社会和情感学习方面的著作中指出，一种糟糕的职业道德会将一种社会病毒引入一个具有内在凝聚力和良好功能的体系中。它可能会阻碍人的积极性，阻碍创造力，使得学习停滞，破坏协同合作关系，还会激起矛盾冲突。在团队成员相互依赖的情况下，一个缺乏职业道德的人会触发一个自然的举动来恢复平衡。因此，团队成员会集体性地，而且通常是无意识地减少对工作的贡献。从这一点上来看，整个团队就发生了非常微妙和自动的串联反应。随着时间的推移，一个有不良职业道德的人会在全公司范围内制造出有问题的行为。社会传染会从一个团队传播给更多的团队。由于员工的积极性下降，职业倦怠感出现，导致企业每年会损失超过5 000亿美元，这对企业的生产力、招聘和培训都造成了严重的影响。人们接触到的那些受不良职业道德感染的人越多，它传播得就越广泛。

一个有不良职业道德的员工在团队中具有天生的优势，这对重要的事情毫无益处。2006年发表在《组织行为学研究》杂志上的一项研究表明，消极态度比积极态度更棘手。因为并不是每一种社会传染都具有同等的影响力，最低级、最差劲的队友，缺乏亲和力、不能积极发挥作用的人都将决定整个团队的表现。如果根据积极或消极的职业道德来给团队中的每个成员加分的话，那么其中最消极的一名成员的得分会比人均得分更能预测整体团队的表现。事实上，团队中最具合作精神、最勤奋的成员将会度过一段非常艰难的时期来重新平衡这种非常糟糕的影响。

然而，即使考虑到社会传染的不平衡程度，我也知道传染的规模并不总是按照我们假设的方式运行的。有时，积极正面的职业道德和消极负面的职业道德一样有害。这种情况发生在像硅谷的一些公司塑造职业道德时，基于圣克拉拉大学马克库拉应用伦理中心的执行主任所说的，在这个国家里，这里有最紧张、最具竞争力、全天 24 小时、每周 7 天的工作环境。那些因为有免费餐厅和现场按摩服务而受到赞扬的公司，也会雇用那些愿意为了达到高得令人望而却步的标准而加班的人。

帕洛阿尔托的文化把有意识的选择转变为一种无声的、匿名的时代精神，最终将社会传染根植到它的基因中。当注意到自杀的孩子和强烈的职业道德之间没有什么直接关联时，人们仍然怀疑，一种让孩子产生压力选择自杀的文化，是通过对一种极其强烈的职业道德的激励得以展现的，已经至少成为一种促使本镇青少年碰壁的因素。就像黑客滥用系统上的漏洞上传电脑病毒一样，职业道德的社会传染也利用了其内在固有的弱点。它利用了一连串其他有益的想法和行为所具有的唯一弱点，即学生倾向于反映出一种违背最高标准的欲望，并超越了任何合理的成就标准。此外，对于一些人来说，如果没有达到一个任意高度的成功水平，这也是一种令人不安的倾向。

戴在员工头上的紧箍咒——我必须加班、努力干活、达到更高水平，已成为世界上年轻人担忧他们处境的唱词，成为在胸怀最好打算的孩子们中间恣意蔓延的传染，为的就是让年轻人蓬勃发展、取得成功，当然，最重要的是，努力去做，变得更好。

在帕洛阿尔托镇，有一个相当有名的故事，讲的是住同一间宿舍的两名宾夕法尼亚大学的本科生。其中一位是埃隆·马斯克，后来成为硅谷巨头企业PayPal（贝宝，最大的网上支付公司）、Spacex太空探索技术公司、Tesla（特斯拉环保跑车公司）等几家公司的CEO（首席执行官）。另一位是阿德奥·雷西，他创办了超本地化新闻平台，后来将该平台卖给了美国在线服务公司。还开办了一家网站开发公司，并创办了为初创企业孵化项目的硅谷创业者学院。这个故事让人联想到一种命运之轮转动的神话，在这个神话中，曾几何时，两个虽不成熟但都是魅力型领导人物的人同住一个屋檐下。这就好像在他们宿舍里有一种极其独特的传染，一种进取心十足的职业道德病毒飘浮在空气中，使得每个人都被传染了。当然了，事实上两人并不存在什么非凡离奇之处。然而，他们的家庭也确实有自己特有的思维和行为风格，这些尤其对他们周围的人和彼此有很独特的激励作用。

在我和哈比卜最近一次谈话之后，我发现自己开始思考这个故事。如果学生们感染了该文化背景之下的传染性职业道德，那么，我想知道哪些实体是成为推动他们走向制度化狂热的原因。我开始关注那些能够在人们身上找到健康和有害的动机传播的公司和领导者的类型。我认为，雷西和马斯克作为企业家的典范，就是通过魅力型领导的社会传染效应来鼓励人们的例证，从员工到未来投资者，他们把每个人都凝聚在一起，共同追求一个非凡的愿景。对建立新事物和创新性的激情是一种强有力的战斗口号。一个企业家的领导风格可以说是很有说服力的，通过无意识的模仿，领导风格会成为个人成败的一个重要因素，同时也是公司事业发展成败的一个重要因素。作家约翰·赫西认为，即使有人并没有刻意去传播具有感染力的热情，领导者也持有不可避免的传染性。最强的感染力会自然而然地将个人对一个想法、一种哲学、一份努力坚守的愿望转移到其他人身上。一个人的激情会使得其思想、行为和情绪保持一致；它也能激发人的创新、坚持和成就。

从很多方面来说，这种自上而下具有传染热情的现象只有在其平庸之处才会引人注目。很明显，生机勃勃、精力充沛的领导者会激励他人。然而，他的仪态、他的一般影响力，仍然是在大小公司里最容易被忽视的因素之一。在调查美国、德国、日本公司倒闭的原因时，高管猎头公司亿康先达国际公司发现，CEO的失败几乎和能力、知识或者缺乏经验没有什么关系。这些CEO正是基于他们的高智商和商业方面的专业知识才被雇用的，但是也因为不能赢得董事会支持或者缺乏激励员工的能力而被解雇。那些具备很好地控制和表达情绪的能力、能深思熟虑地处理利益相关者之间的人际关系的领导者，能够非常成功地保持团队合作，并且能够传播富有成效的职业道德精神。他们与其他人之间的互动营造了一种无须语言就能相互同情和理解的对话。他们无须说一个字，就能激发他人身上的个人动力，通过微妙的、非语言的渠道，比如谈话的节奏和时间，以及肢体动作就能传达情感。魅力型领导者尤其善于倾听和回应他人的所感、所说和所做。他们诠释标准也非常精准，并用惊人的准确性来协调他人的感受和想法。在这样做的过程中，他们以一种非凡的能力去传递具有感染力的热情，将他们自己的雄心抱负灌输给他人，并激发他人的自豪感。

如果说具有感染力的魅力型领导还有令人担忧的一面的话，那就是它存在于意图和结果交会的顶点，在这一点上，人们会感染他们当中领导者的抱负和进取心十足的职业道德理念。我们员工长时间地辛苦工作，投入更多的精力实现的是领导者的愿景。正如沃顿商学院教授亚当·格兰特在他的著作《离经叛道：不按常理出牌的人如何改变世界》中强调的那样，当宝丽来创始人埃德温·兰德开发拍立得相机时，他曾经连续工作 18 天，这期间甚至连衣服都没有换过。"就像硅谷的很多创业者一样……（兰德）关注的重点在于（员工）是否会重视新奇想法的产生，并致力于投入这项使命中去。员工们被有着同样激情和目标的人包围着，他们也就会感受到一种强烈的归属感和凝聚力。当你和你的同事们在公司中被紧密联系在一起时，你就不想在任何其他地方工作了。"

职业道德，不论是好是坏，都源自领导传播激情的能力，以达到一定程度的胜利。在最好的情况下，领导者会激发人们的创造性思维，激发人们解决问题的能力，还能增强员工的任务参与度。在最糟糕的情况下，具有感染力的魅力型领导能力是如此强大，以至于它会将整个文化推向一种不可能的职业道德理念中，将标准提升到令人无法企及的高度，扭曲对伟大的诠释和解读，将完美主义的理念推向极致，最终可能把我们最好的一面都撕成碎片。

第十三章

帕洛阿尔托事件的诱因——暗示

就像所有奇特的传染事件一样，我所在小镇的传染事件的构成确实是独一无二的，并且不断向我证明它的复杂性。到目前为止，我所收集到的佐证材料在我的脑海中反复出现——恐惧、癔症、职业道德、可传播的热情，但是这些组成部分没有一个能直接解决个人易感性的问题。为什么这些特定的社会传染如此具有传染性呢？和帕洛阿尔托镇的情况一样独特的是，一些关于社会传染的东西，以及其他一些东西，使得我们每个人在它们的刺激下很容易受到伤害。我担心这才是我们人性最核心的部分。

在哈比卜提交了这学期的成绩之后没多久，我带着已经了解到的关于传染性职业道德的知识，预定了去费城的机票。从这里，我搭乘早班火车去往第三十大街车站。就其规模和宏伟程度而言，这个火车站的大月台就超过了我回家搭乘的加州火车线路上的任何一个车站。我所知道的那些车站里没有这个车站的天然石料饰板，也没有它那高耸的方格天花板，这样的材料和建筑方式可以让说话声和鞋子踩在大理石上发出的咔嗒咔嗒的声音有所减弱。当巨大的显示屏上通知开往波士顿、哈里斯堡和纽约的火车到站时，车站中心的标识牌上发出快速的、类似颤音的声音提醒乘客。

不停滚动的字母和数字造成一种它们在灰色显示屏上流动的印象。标识牌发出的机械旋转声让一群群上班族慌不择路地挤在火车车厢门口。可以说，在各地对于上班族来说，这种时刻就是用这样一种方式搭乘火车的，这是一种巴甫洛夫式的条件反射，营造出一种极具传染性的紧迫感，并引发了一场洪流般的运动风潮。在社会传染新光芒的照耀下，我情不自禁地关注起这种相互作用和影响，关注思维、行为和情绪贯穿群体文化的方式。

我步行离开第三十大街车站，走上横跨斯库尔吉尔河的一座大桥。河两边盘亘着满是机油的铁路轨道。火车从桥下棕黄色的土地上缓缓驶过。我两手插在羽绒服口袋里，这时一排黄褐色的、锈迹斑斑的集装箱列车开了过来。我进了宾夕法尼亚大学主校区西侧，向沃顿商学院走去。路灯上松散地挂着条幅，宣传在宾夕法尼亚博物馆展出的名为“地下”的古巴拿马展览。为了找到答案，这“地下”便是我要前往的地方。害怕和恐惧、好的和坏的影响，还有勤奋驱动的职业道德都在这里。

我悄悄溜进一个圆形阶梯大教室，看着亚当·格兰特给研究生上完一堂关于组织行为学的课。他是一名年轻的教授，身穿蓝色牛仔裤，黑色T恤和浅蓝色网球鞋。他头发理得很短，脸上总是一副体贴周到的表情。我之所以找他，是因为格兰特在工作动机和领导力方面的研究处于这个领域的前沿。奇怪的是，尽管他在一所由经济学家主导的学院任教，但是由于他极不情愿地宣传一种社会传染，也使他在该学校占有了令人惊讶的一席之地。他下课之后告诉我："研究经济学会把人推向一个自私的极端。"更重要的是，他说道："关于经济学的学术研究是导致贪婪蔓延的原因。"

格兰特说，康奈尔大学经济学家罗伯特·H.弗兰克已经就此说法发现了很多例子。他认为经济学教授们比其他领域的教授对慈善事业的贡献要少，或者说，经济学的学生更有可能为了个人利益而练习行骗。而且，还有一个现象就是经济学专业的学生通常认为贪婪就是好的，是正确的，是符合道德的。格兰特说，事实上，只是简单地考虑经济因素就会削弱对他人的同情之情。学习经济学也会让人奉献得少，变得更加愤世嫉俗。对自身利益较为看重的学生很可能会选择经济学相关领域的学位和职业，但是学习经济学知识之后，他们发现自己会陷入比最初注册上课时所持有的更加极端的信念之中。经济学的学生会花时间和志趣相投的人相处，这些人都相信并按照自身利益原则行事，那么经济学专业的学生们就可以确信，自私是普遍的，是理性的。自身利益成了惯例和常态。每个个体在整个大环境中无意识地模仿并传染这些行为，转而又会促使其成为道德标准。

格兰特的观点让我回想起了几个月前，黛博拉·布伦纳-利斯在她位于旧金山的办公室对我说的话。她解释说，帕洛阿尔托的年轻人有一种独特的气质，他们喜欢以自己最快的速度冲向他们想要得到的奖励，而且他们在年纪很小的时候就开始这么做了。从那之后，我也遇到过这个问题。在帕洛阿尔托镇，一个15岁的学生曾告诉我，她和她的朋友们正在自家车库里开发一款电动汽车电池。她没有丝毫不安地直言，该设备将为电动汽车制造企业节约数十亿美元。她退出投资的策略是将电池技术卖给埃隆·马斯克。我遇到的一名17岁的学生正在建立一个数据存储系统，他希望能在上大学之前将系统推向市场。我还采访过一位16岁的学生，他在上大学之前加入了朋友的在线服装初创公司，而且该公司也已经吸引了一些天使投资人（在新兴科技公司进行投资的个人投资者）。还有一名高中生正在创建一个在线社交网络平台，他自信地补充道，他的产品将会摧毁脸书——这一信念要么来自了不起的天真无邪，要么就来源于根深蒂固的冠军思维模式。

这些崇高梦想，有许多都是被智慧和创造性的愿望所驱动的，为的就是让世界变得更好。然而，也有很多梦想的动力就是尽可能赚更多的钱。在学习和参加课外活动的过程中，孩子们进行技术开发，学习复杂的市场营销，练习网络技能，提高设计和开发商业计划的能力，以向风险投资家进行展示。这真的非常了不起：在我遇到这些青少年时，我记得我曾经想过，如果我把他们投入到如此雄心勃勃的事业当中的一小部分精力投入到我的生活中，那么我的生活将会走向何方呢？

但是，在这些有建设性的雄心壮志背后，还有另一个故事，即在不同文化中关于经济发展造成贪婪得以传播的故事，贪婪导致社会和个人的衰败有其悠久的历史。例如，在17世纪的阿姆斯特丹，市场上疯狂地销售郁金香，因为人们对这种外来植物的热衷已经达到了令人无法想象的程度。卖家们争先恐后地想要赚大钱，在世界上第一个投机泡沫不可避免地破裂并导致市场崩溃之前，郁金香的价格上涨了超过一千个百分点。在1929年股市崩盘之前，由贪婪、失控的债务和消费者信贷驱动的经济泡沫已经出现。20世纪90年代末，渴求财富的企业家纷纷涌向硅谷挣大钱，以应对过度膨胀的互联网泡沫的表面张力，这种泡沫最终在2000年的时候破灭，并导致美国经济开始衰退。贪婪的房地产抵押贷款机构所宣扬的市场收益也预示了发生在2008年的全球经济低迷。

我想象着把这个信息带回给罗尼·哈比卜，告诉他再不能教甘恩中学的学生经济学了，因为学经济学会让他们变得贪婪，然后等待着紧接着会出现的充满怀疑的沉默。我对格兰特说："正如我们不能取消经济学课程一样，我们也无法避免在任何地方都能看到经济学在发挥作用"，"那我们该怎么办呢？"

然而，他警告我，我没有正确地看待这个问题。虽然经济学专业确实传播了贪婪，但实际上，在所有社会传染的核心中，还是有一些更为基础和根本的东西的。他说，这不是经济学的问题，而是一个共性问题。贪婪是这个星球上最常见的特征之一。

它的普遍性是使每个人都对经济的刺激做出反应，也正是这一点触发了贪婪的特质。点燃贪婪，开启贪婪。它就像一个引子，能激活我们每个人的普遍品质。这就引出了一些问题，如果有什么东西能像经济学一样普遍，能暗示像贪婪这样的社会传染，还有什么其他的诱发因素会感化孩子们让他们回家，我们能否在一切都来得太晚之前甄别出它们呢？

为了完善这个想法，我意识到还有一站需要前往。我要前往一个叫作动机实验室的地方。

为了找到这个地方，我登上了从费城开往北方的美铁列车（美国铁路公司列车）。90 分钟后，我到达纽约的宾夕法尼亚车站。当我穿过昏暗的地下月台区时，每隔几秒钟，不断变化的信息就会通知乘客有火车到站和驶离，黑白相间的瓷砖似乎随着连续不断的台阶形成的错觉在跳动。我乘坐自动扶梯上到第八大道，进入了一个已被贪婪、魅力型领导、韧性、动力、希望、恐惧和疯狂无数次沾染和传播的城市实验室。

在纽约大学一幢阴暗的大楼里，我快速转了几个弯进入昏暗的走廊里，走廊两边的房间上都装着一样的布满污渍的黄铜门把手。在走廊尽头，一个房间的正门开着，里面摆放着一盏台灯、一个茶几，里面还一扇门，门内是一个套间。我在门框上轻轻地敲了敲，走到房间里一个暖和的地方，这里也很明亮，是透过窗户射进了一点点自然的太阳光。

这就是我找到彼得·戈尔维策的地方。

他向我挥挥手，叫我："进来，进来。"

他坐在房间中央的一张小桌子旁，我就坐在他对面的椅子上。他英俊、威严、60多岁，肤色苍白，短短的头发宛如教科书的纸张那样灰白。我们围坐的桌子就在一间宽敞的办公室中间，在我的左边还摆放着沙发和几把椅子。墙上挂着几幅画，描绘的是冬日的景象。在房间另一边墙上则悬挂着一组风格迥异的画，画的都是色彩鲜艳的建筑物。房间里充斥了地板蜡油的味道。

戈尔维策温和地说："你想知道动机是如何影响行动的。"他的语气听来是经过深思熟虑的，而且带有一种德语发音的音色："你所感兴趣的是影响的效果有多强。"

"是的。"

"你想知道人们是如何抓住动机的，是吗？人们是如何达成远大目标的，是如何从别人那里传染这些目标的，是如何将这些目标转为行动的。"

我说，没错，我还想知道更多。我想知道为什么帕洛阿尔托镇的孩子们对特定的社会传染如此敏感，我们能做什么来确定这些诱因呢。

他看着我，眼睛眨也不眨。然后摘下厚厚的黑色边框眼镜，握在手里。

"你是想谈一谈暗示。"

第十四章

利用启动刺激

在暖气还是通过旧管道输送的动机实验室里，我突然有个想法，在像威廉·詹姆斯、克拉克·赫尔、罗伯特·M.耶基斯和约翰·迪林厄姆·多德森这些心理学家当中，戈尔维策位居何处，毕竟他们都是在激发人们追逐目标的动力、激励，以及觉醒方面研究的先驱。他们所研究的被广泛接受的关于动机的理论之一表明，人们选择追求目标，只要他们相信结果是可以实现的，是有吸引力的，而且在社会上也是被认可的。但是，作为慕尼黑大学马科斯–普朗克心理研究学院的一名高级研究员，戈尔维策发现，即使人们相信目标是可行的，他们通常也不会采取任何行动。

现在，在纽约大学，他的动机实验室通过软件设计了一些方法和策略，为的就是运用启动刺激将个人欲望转化为一种强有力的目标承诺——话语、声音，或者物体，这些因素能在无意识中说服人们接受新的想法、行为和情绪。像赫尔和詹姆斯这样的早期行为主义学家，就是依据暗示的力量和通过催眠指导人的目标这一过程来探讨启动刺激的。后来，康涅狄格大学的实验对上述方法进行了一些改变，结果反而表明，通过运用人在清醒状态下的示意，或不催眠状态下的暗示，语言和非语言都会对人产生影响。戈尔维策说，这就是人们无意识地从其他人身上获取目标的方式。在常见的行为模仿中，让人抓住目标的过程包括巧妙地让人们接触特定的启动刺激或暗示。这些启动刺激或暗示在我们的头脑中植入好的或者坏的想法，这些想法会悄无声息地生根发芽，最终激励我们的身体去追求它们。

戈尔维策告诉我，他可以非常轻易地让人们在没有一些知识——比如像自信、灵活性、顺从感、进取心，以及更成功的动机这些事情——的情况下捕捉一些目标和行为。在实验室里，他的研究过程包括让人们接受一系列复杂的隐藏在书面提示中的语言，或者偷偷地向人们展示特定的图像和声音，这些图像和声音看起来无伤大雅，但在现实中会植入人们的想法和行为。如果他想要增强一个人对细节的关注，他就会使用一种被称为“嵌入式启动”的技术。通过布置一个点对点连接的任务游戏，来减慢主题的进程。在另一个实验室的操作中，在屏幕上的图像之间会有像 fast（快速）或者 accurate（准确）这样的单词快速闪动，速度很快以至于人们在看屏幕时都察觉不到，但是，他们事先准备好一个主题使进展更快或更慢。

戈尔维策和他的同事曾经做过一个实验，该实验要求参与者阅读一篇关于一个人打算去度假的短篇故事。在与这个故事略有不同的一个版本中，戈尔维策增加了这个人在农场工作的信息，加入了暗含的，但是从来没有明确提及的细节，即挣钱的目的。接下来，每个参与者都被要求执行一个简短的任务。他们了解到，如果他们能按时完成任务，就会被邀请参加另一项可能赚钱的任务。在目标条件下的参与者——那些掌握故事主角工作信息的人，比起那些控制组的参与者做得更快，也更努力地完成最后的任务。换句话说，在这种情况下，感知他人与目标相关的行为，即在农场工作挣钱的这个例子，能引导参与者去捕捉并追求一个类似的目标，尽管这意味着参与者以一种不同于农民的方式去追求目标。对戈尔维策来说，更吸引人的是这种效应是自动的。确定目标无须任何特定的指示。

“我猜想这些启动刺激也会在实验室之外自然发生的。”

“这就是事情变得有趣的地方，”他说，“在实验室之外，我们通过日常的线索捕捉其他人的目标。有些人说，通过从周围其他人身上得到启动刺激，我们有 99% 的生活和行为都是对无意识的目标追求的结果。”

我沉思着说，这就意味着，我所不知道的是我的目标可能真的属于一个朋友、属于周围的某个人，或者属于超越了我的生活圈子的某个人。今天早上，我从星巴克买了一杯拿铁咖啡，而不是从邓肯甜甜圈店买咖啡，做这事的动机很可能只是由于我眼角的余光刚好注意到被扔进垃圾桶的一只咖啡杯上的商标。又或者，我在小商店买晨报的时候，闻到了女售货员衣服上有某种品牌咖啡的味道。然而更好的是，这些暗示中的一个就很有可能激发我需要一杯咖啡的想法，或者我的身体因为旅行而疲倦不堪，或者我本来也需要补充一些食物。如果这样一个即兴的暗示让我想要一些更实质的东西，比如我想要组建一个家庭，那该怎么办呢?

我想到了帕洛阿尔托群发性自杀事件背后所流传的原因的一些说法。戈尔维策会让我相信，环境中的暗示是导致像职业道德、雄心抱负、贪婪，以及基于恐惧的反应等社会传染的原因。然而，考虑到我所了解的关于奇特传染的一切，我不得不考虑到，如果头脑足够强大，就可以挫败那些不是自己的想法，更不用说那些推动奇特传染而走向自我伤害的想法了。

尽管如此，动机实验室还在继续寻找相反的证据。我们许多的个人目标实际上都是我们无意间从社区的启动刺激中获取的。不仅目标具有传染性，思维也很难区分一个内在动机目标和一个人在表面上从别人那里获取的动机目标。

例如，戈尔维策说，在一名同事有了孩子之后，其他女性极有可能在13到24个月的时间内怀孕。在这个传染的扩散过程中，男性所扮演的角色似乎可以忽略不计，但是一位未怀孕同事会在自己怀孕同事分娩后的18个月内，将想要孩子的愿望传递给办公室的其他女性。换句话说，一个陌生人怀孕都有可能在无意中影响到另一个人想要孩子的想法。这些传染性目标背后的机制远远超过了人的生物同步性、协调月经周期的化学信号，还有那些引起恐惧反应的腋下汗液化合物的生物信号。戈尔维策谈论的是一些更为普遍、更为平凡和日常的东西，这些东西其实就隐藏在最显眼的地方，它们拥有我们每个人有意识和无意识地激活欲望和目标承诺的力量。他说："人们已经非常善于使用隐藏的启动策略来模仿我们了。"我们使用的标准柯蒂键盘是一款非常精巧的独创设计，专门用来降低打字者的打字速度，防止打字机出现卡键的现象。玩偶匣最初的标志包括潜意识的宗教内涵，其中的O和X放在一起就是耶稣鱼（IXΘYΣ）的象征，鼓励人们坚持一个特定的价值观体系。为了说服人们购买一款产品，广告商设置一个场景或者一种体验向顾客推销产品，比如用现代厨房的样子而不是单一的厨房设备的特征进行宣传。在总统竞选集会期间，色彩、灯光、房间温度都会影响参会人群的活力和情绪。百货公司播放快节奏的音乐，促使顾客在商品货架之间快速移动，刺激顾客去看更多的商品，增加他们找到想要的商品的可能性。

随着对启动刺激的新的理解，帕洛阿尔托的奇特传染的构成再次变得复杂了。我所下的定义还在继续发展。我简要地回顾了我所了解到的知识，关于治疗社会传染和传播社会传染之间的微妙平衡，关于癔症激发思维力量的方式，并产生了偏执和恐惧的反馈循环。再加上这个类别，即客观事物能引起我们传染思想、行为和情绪的愿望，这一心理图景使我变得更加敏锐。

戈尔维策的眼镜还在手里握着，他指着我身后说："那就是我开团队会议的地方。"我转过身，望着对面的沙发。在双人小沙发后面的墙上悬挂着一组黑白照片，我刚到这里的时候就注意到这组照片了。我看着相框中的照片，认出了炮台公园，背景是哈德孙河。雪花覆盖在公园的金属门轨上。

“我们的交谈通常都非常热烈，所以我让摄影师拍了一些能让我们冷静下来的照片。”

在我能完全理解这句话之前，他又把我的注意力集中到他在办公室中间靠墙的办公桌上。我的目光落在办公桌上的一张海报上，上面是一幅不协调的屋顶的景象。有的屋顶是砖砌的，有的是木头搭的。每个屋顶颜色都很鲜亮。他说：“那是为我准备的，它给了我创造力。”

我摇了摇头：他故意为自己设定了这些条件，无意识地诱导了他的情绪、引导了他的行为、发展了他的长处，也规避了他的缺点。

就在这时，我又注意到墙上的另一张海报，就在我们旁边。我指着图片中有巨幕玻璃的摩天大楼，这些大楼如镜子般的窗户上都反射出玻璃中扭曲的图景。他说，研究生们都在这里讨论他们的研究项目。这张图片能够激发他们用不同的视角看问题。

他还说：“最引人注目的部分是，大多数时候我们并不知道自己已经做好了准备。”

“这一切似乎……”我停顿了一下，努力寻找着合适的字眼。令人兴奋，疯狂，害怕？最后我断定：“是危险的。”

具有传染性的目标追求认为，经过细微的激发，我们就记下了看似来自我们自身的想法和行为。公司每年投资数十亿美元来确定那些线索到底是什么，都是为了更好地了解潜在的客户并为吸引这些客户而努力。我们可以利用这些信息来销售小部件，也可以对深远的社会变革产生影响。布朗大学的研究人员对于种族偏见不断演变的本质感到好奇，他们利用数据对与面部感知相关联的自陈报告进行估量。具体来说，他们对白人看待黑人面孔的方式感到好奇。2007 年，积极关联的数目有所上升。在总统大选前的准备阶段，到处都是关于巴拉克 · 奥巴马的形象，包括他的脸庞和话语，比如希望和改变。该研究得出的结论是，这种媒体曝光的程度使人们有所适应，并转变了负面的看法，成功地扭转了对黑人一成不变的负面成见。

我们正在对我们所看到的世界各地的意象和事物进行建构。没有什么事物是中立的。每个事物都会触发一个判断、一种感觉、一个反应。它会变成一种记忆，此后，尽管它可能永远不会浮现在我们的意识中，但却会影响我们的决定。当我们再次看到它的时候，即使断章取义，即使淡出我们的视线，它还是会重新唤起我们的本能记忆。市场销售人员和广告商就是这样识别那些用低层次的视觉特征向我们快速直接表达图像的。一旦我们理解了思想、行为、情绪是在无意识的层面上进行传播的，那么一种趋势和一种传染之间就几乎没有什么差别了。

就像戈尔维策和他墙上的画作一样，我们也经常利用这些启动刺激来暗示我们自己。面试时穿正装，会给自己和潜在的雇主从整体感受上带来一种专业性的感觉。在参加赛前仪式时来专注于自己的意图，激发毅力，想象着能够获胜可以激励自己。

然而，我不禁担心，理解这些过程的人很可能会轻易地操纵他人，试图阻止他人做出更好的判断，就像是催眠师催眠了观众并让他交出钱包里的钱那样。

戈尔维策说："这很可能会发生，除了一件事。"眼镜在他的手指间转动，突然间，我怀疑这个小小的但很明显的手势会让我在某种程度上做出反应，就像是猫追绳子那样。

他说："有自动防故障装置。"

"真的有吗？"

"总是有的。"

第十五章

反规范化阻断传播

戈尔维策说："要达成目标，那么目标就必须成为我们行为术语的一部分。"影响他人思想、行为和情绪的机制取决于某种内部规则。这种自动防故障装置会阻止我们受到暗示的影响，比如说，离开悬崖，或者在可能说服我们去抢劫商店的时候按照启动刺激来处事。这确实是一件能让人从一开始就不受社会影响的事情。戈尔维策谈论的是对社会传染的一种抵制。"如果它不是我们自然术语中的一部分，我们就称其为反规范化，那么它也不会得以传播。"

只要害羞的人在生活中表现得很自信，激发他们以进取心行事就发挥了作用。对于女性来说，在同事生孩子的事情上产生想要有孩子的愿望，在某种程度上，这些女性会把自己想象成母亲。像贪婪这种没有什么吸引力的特征是如此普遍，以至于即使是最仁慈的人也能表现出来。因此，我们都是很容易受到影响的。

回到帕洛阿尔托的话题上，戈尔维策说："你会认为自我毁灭对我们大多数人来说都是反规范化的。嗯，如果你要做一个实验，实验中有一个任务要完成，你就可以用一种自我毁灭的方式来完成，事实上你也是可以做到的。因为我们中的很多人偶尔也会自我毁灭。”

就像我们灵魂深处的其他品质一样，尽管每个人都会有较好的判断力，但也会具有倾向于有害的行为。通常情况下，这一点对不可逆转的自我伤害有所遏制，但是我现在感到不安的是，仅仅这一点还不足以成为一种内在的自动防故障装置，以保护人们远离危险，安全回家。

我说，我们所要做的就是找出有问题的暗示。如果能够找到，就可以通过系统地详查剔除它们。但就像我说的这样，我知道这听起来更像是一个问题而不是对事实的陈述。

戈尔维策充满疑惑地叹了口气。麻烦的是，我们的社区可能会有几十个甚至上百个暗示或线索，这些都可能导致奇怪的传染事件。单说硅谷的形象——自动驾驶汽车、斯坦福大学、宣传科技产品的广告牌，以及大公司的就业机会，对于成就、动力、贪婪，还有职业道德都是一种刺激。他又说：“有一些行为是我们无法用一个甚至一系列的线索来解决的。”这话真是让我有些沮丧。

寻找启动刺激来减缓进程会怎么样呢？启动刺激能让冲动停止吗？在无望的时候，启动刺激也能带来希望吗？能提示情绪变化的启动刺激是否强大到足以阻止精神疾病问题的发生呢？能给人带来思考欲望的启动刺激能否超越所历经的时刻，在这一时刻中，生存的痛苦比任何值得为之而生的东西都表现得更突出、更炙热。

他回答道：“在实验室里，是有可能的。”他的实验室已经能够激发人们在工作中更加有条理，在思考中更加精准明确。问题是他们在激发所有一切事情的时候并不成功。他说，在世界上，即使我们为了一些人而放慢一两个人的速度，也比不上恐惧、瘾症、职业道德、贪婪，以及上帝知道的其他的一切的广泛传播的风暴。尽管动机实验室具有解锁人类部分经验的能力，但人类经验本身，无论是好是坏，远比在研究机构中挤在一起的聪明头脑希望全面解释的更复杂、更微妙。

当我从纽约大学心理学系的门廊出来往东走的时候，这些想法在我的头脑中交错盘桓。我转过街角来到百老汇，在表演艺术学院门口停了下来。在搭乘去往加州的航班之前我还有一些时间，于是我用力推开学院大门走了进去。

大厅非常宽敞，铺着抛光的地板砖，墙壁就像牙齿一样洁白。展出的照片有平坦的沙漠景观、浪花翻腾的海洋、铺满光滑圆润的石头的海滩，还有拱形的岩石。戈尔维策可能会说，这些照片能激发我们看到运动、自由，或者拥有无限延伸的可能性，激发一切有建设性的性格特质，挖掘各种各样的弱点，并发起一系列的行为。

在我的内心深处，这些照片消解了那种郁郁的顺从感和持续的紧迫感，让我们不断与自我交流，并在绝望的时候心怀感动，使自我毁灭的冲动不致失衡。

艺术学院又让我想起甘恩中学的学生桑娅·瑞梅克尔，她本来已经得到了这里知名的戏剧项目的工作机会。可是就在她要来参加项目之前的几周，却成了在加州铁路轨道上自杀的第二名学生。我也想回家歇歇了。拿戈尔维策的理论和现实世界的悲剧相比，我感到既满足又痛苦。在帕洛阿尔托，我们可以汇集所有的资源、抛出所有的安全网络、参与到艰难的对话中，但是不能完全理解有问题的启动刺激到底是什么，或者知道什么样的启动刺激可以阻止人们拿自己的生命冒险，它们到底是什么呢？我的调查已经变得异常复杂了，因为它关乎寻找在任何地方都可能存在的启动刺激。

我很想知道导致瑞梅克尔和其他 4 名学生自杀的暗示，而我也困在不可能真正知道这些暗示到底是什么的局面当中了。更重要的是，如果这些启动刺激到处都是，有以经济学的形式表现出来的，也有以领导者的形式表现出来的，甚至还有以无生命的物体的形式表现出来的，那么我们该如何防范呢？问题似乎非常严重，几乎毫无希望解决。

然而，在这场努力让自己满意并有个貌似合理结果的旅程中，我可以有把握地说，正如戈尔维策解释的那样，我们所在的世界具有激励的能力，它能推动我继续前进，为我达到这个目标提供动力。

然而现在，我只想回家，我只想再抱抱我儿子。

天色已经晚了，我又在画廊里走了一圈，然后就离开了，又回到熙熙攘攘的人群中，我继续沿着第八街车站的台阶走下去，走到地下站台上。

第五部分

阻断传染

没有对手的攻击性行为成了一种传染病。

——**吉姆 · 卡特**

第十六章

让正能量也相互传染

我开车驶过价值百万美元的住宅小区，每栋房子外面都有铁门围栏、砖墙，或者是高大的篱笆墙。小区里所有车辆都行驶缓慢，两名身着紫色上衣的泊车服务生朝我这边走来。一名过来为我开车门，另一名径直把我引向街对面的那栋房子，在一条室外走道尽头的一侧有一道令人叹为观止的高达两层楼的瀑布倾泻而下。

费城—纽约之旅结束返回家几个月后，我收到了沃顿商学院亚当·格兰特的一封电子邮件。他希望我此次收集资料进展顺利，还提到等他下次来硅谷时要邀请我和他一起参加一个聚会。这个活动在一位高科技行业高管的家里举行。届时到场的还有几十位大思想家，他们可能会就该地区的社会传染现象分享一些观点。

在此之前，我从来没有被邀请到这样的豪宅中过，这里看起来就像是豪华酒店的大堂，装饰着后现代风格的玻璃枝型吊灯，一排排荧屏布满了整个走廊墙壁。格兰特把我介绍给他的一些朋友和同事，每个人都表现得冷静自制，他们有的身着昂贵的运动衫和蓝色牛仔裤，有的身着短款黑色礼服。聚会期间我悄悄溜了出来，在这座豪宅里四处闲逛，欣赏落地式大窗户，接受这里的艺术浸染。这种层次的富足，既令人难以抗拒，又宏伟壮观，让我内心产生了一种复杂的感觉，包括一种我想要这种东西的感觉——直到现在我才知道的感觉。

除此之外更重要的是，我总觉得自己和这里的著名科技领袖、硅谷名人、网络平台创始人，以及从工程学到组织行为学等各领域的博士都不是同一类人。一种不同寻常的不适应感取代了我在聚会刚开始时的那点自信。于是，我干脆退到厨房，在那里我注意到一个年轻人独自一人安静地站在那里。他的皮肤是棕色的，薄薄的嘴唇和凹陷的下巴周围蓄着一小段胡茬儿，身穿鲜红的衬衣和熨烫笔挺的休闲裤。就像我今晚认识的许多人一样，我认识他，是因为他此前让世人皆知的标志性事件，这一点让他与其他出席聚会的人相比，所做出的成就显得尤为突出。尽管他很谦逊，不出风头，安静地在一边津津有味地吃着手中的一盘糖霜饼干，但是早在几年前，这位温文尔雅的谷歌技术人员瓦伊尔·高尼姆引发了导致埃及前总统胡斯尼·穆巴拉克下台的埃及革命。

把一种想法传递给其他人就是在传播一种真理。要抓住真理就要获得一种用它感染别人的热情。2010 年，埃及警方在瓦伊尔·高尼姆的家乡逮捕并杀害了一名年轻男子，而高尼姆则在脸书上创建了一个网页来谴责这一不公事实。或许他对这个年轻人有一种亲切感，这种亲切感是一种通过代际关系和他们所在国家而形成的联系。或者，也许转向社交媒体只是现如今的年轻人为了回应那些他们自己都无法完全理解的情绪。不管怎么样，这种情绪的表达让 25 万人为他的网页点赞。随后，高尼姆又向他的追随者、埃及工人阶级、沉默的活动家，以及心怀不满的政府雇员发起提议，让他们通过广泛的民主示威活动，将对政府的愤怒转化为进行改革的要求。由于他的努力，埃及政府官员于 2011 年 1 月在高尼姆访问埃及时对他实施了抓捕。国际社会要求释放高尼姆，给埃及政府施加的压力越来越大。在高尼姆被捕 12 天后，他被释放出来，成了一位英雄。

从这一事件来看，他通过网络激发出来的勇气向四面八方蔓延开来，在社会上得以广泛传播。反穆巴拉克的抗议活动如潮水般涌进解放广场，抗议者表现出前所未有的愤怒和决心。在动机实验室时，彼得 · 戈尔维策就曾告诉我，由于每个人的性格当中都有勇敢的一面，因此每个人都具有潜在的勇气，只是在等待一个暗示来激发或引导他们。他说，我们通过间接的提示，通过各种象征符号和故事，通过知晓有勇气的人、听勇敢者的故事，就能获得勇气。

历史上总是不乏这样的士兵、公民、艺术家，他们利用暗示来帮助民众克服恐惧心理。英国浪漫主义诗人 P. B. 雪莱写了不少关于勇气的作品，有关于政治态度和大革命的史诗，有关于非暴力和社会公平的叙事诗，还有不少以勇敢为载体的诗章。他死后，他作品中的金句成为革命者口口相传的经典。圣雄甘地称雪莱是他勇气的源泉，马丁·路德·金也曾提到过这一点，让自由之歌中充满民权运动的激情和鼓舞，正如他所说的，“给人民以新的勇气”。反抗艺术传播了勇气，让民众站起来对抗当权者。激进主义的艺术引导勇气影响政治气候，并且证明传染就像最锋利的武器一样强大。勇气在任何宗教和文化中都是一种美德。卡尔·罗杰斯称勇气就是选择成长而不是选择安全的激励催化剂；阿尔弗雷德·阿德勒认为勇气是一个人成长过程中最核心的东西；亚里士多德认为勇气介于怯懦胆小和有勇无谋两个极端之间；阿尔伯特·班杜拉认为勇气是自我效能感（自信心）的最佳宣言。无论一个人如何看待勇气，这种品质都可以通过别人树立的榜样、通过阅读传记和故事、通过听一些勇敢的行为、通过聆听让人勇敢的音乐而获得。即使是和有勇敢行为的人间接接触，也会增加做出同样行为的可能性。

帕洛阿尔托镇也展现出过充满勇气的一面，它是出于需要而诞生的。的确，这是一场持续进行的勇敢和恐惧的社会传染之间的斗争。当我们面对没完没了的坏消息时，我们努力站在一起面对所失去的，在前行的路上对自己提出尖锐的问题。有时候，给人的感觉好像是恐惧比勇气更强大。作家威廉·伊恩·米勒就传染性情绪的不平衡进行了论证。他写道，勇敢是可以传染的，但是恐惧产生的影响更持久、更强烈。

因此，我认为，传递持久性勇气的诀窍就是用它的例证来压倒整个社会体系，用慷慨、权威、个人责任的展现和在战斗中表现出的镇静使环境稳定下来。

他从手里的蓝色小盘子中拿出一块饼干递给我。我告诉他，我现在思考的是硅谷需要英雄，需要能够传播建设性社会传染的载体，比如勇气和刚毅，来对抗恐惧和癔症的社会传染，并在人群中弥漫的、5 个孩子自杀后出现的那种不确定的氛围中增加决心。幸运的是，这个小镇很容易诞生英雄。即使你没有听说过他们，你也能看到他们的杰作。你已经将他们的贡献融入你的生活，无论是从功能上，还是在言辞上，或者两者兼有。而且，当高尼姆从埃及回到硅谷时，我们又多了一位这样的人物。

他把饼干盘放到吧台上，用纸巾擦了擦嘴，然后告诉我我错得有多离谱。有时候，英雄传播的不仅仅是勇气。

第十七章

榜样在社会传染中扮演的角色

帕洛阿尔托到处都是关于常春藤名牌大学学生获得成就的故事，关于大学辍学的学生变成亿万富翁的故事，关于身穿牛仔装的天才的故事。就高尼姆而言，他认为自己还配不上英雄这个称号。他说，相比其他人，他对埃及革命的贡献还是很小的。但是，我反驳说，他就是良好榜样的代表。他回答说，问题在于，年轻人真的非常努力效仿他们的榜样和英雄，但现实是他们只是相信那种神话般的人物，无论这种人物是否真实存在。

这并不是什么新观点。迄今为止，在我的研究里，我已经看到了令人叹服的领导者是如何传播个人魅力的，也看到了企业管理者是如何激发员工强大的职业道德的，这种强大的职业道德不仅能促成前沿的创新，还能促进完美主义倾向。文学作品中也提出，英雄在激发巨大的雄心抱负方面、在持续和广泛地追求成功和成就的过程中发挥着相似的作用。考虑到这一点，我质疑的是好的榜样怎么可能变得糟糕呢。

事实上，这种情况是不会发生的。根据一项针对高素质儿童的纵向研究的数据，组织心理学家2012年发表在《应用心理学杂志》（*Journal of Applied Psychology*）上的研究成果，区分“持续并广泛地取得成功、达成目标、获得成就”的不同方式具有建设性的长期影响。雄心抱负已经有了一些负面效应，就好像它是一系列特质的一部分，这些特质包括缺乏情感共鸣和动力等，而且雄心抱负还取代了所有其他的一切。但这项研究表明，雄心抱负并不会导致对事物不满或产生对结果有那种不可遏制的欲望的性格缺陷。

不过，牛津大学精神病学家奈尔·伯顿认为，这并不意味着它没有变坏的可能。他认为，有远大抱负的人对于阻力和失败都非常敏感。他们几乎总是有持续不断的不满或沮丧情绪。“胸怀抱负的生活就是活在恐惧和焦虑之中。”高尼姆给硅谷带来的示范效果变成了另一种让孩子们敬仰，甚至让某些人竭力效仿的无与伦比的成就典范。高尼姆已经用另一种盛名回到了硅谷。

尽管我只在这晚的聚会上逗留了几个小时，但是我走进这栋豪宅所经历的，以及我也渴望在这座小镇能拥有的那种令人震撼的奢华给我的感受就是：这就是典型的在硅谷传播开来的思维模式，能影响榜样的表现。伯顿写道，如果一个人发现自己无法在一个充满成功典范的社区里取得某种成就，他要么就会变得雄心勃勃，要么就会有“自己完全不够格”的想法，从而导致他变得“不顾一切，甚至具有破坏性”。人们不禁要问，我们身边的英雄，就像我们当中那些魅力型领袖们——这些社会传染的媒介，所造成的危害是否大于他们带来的好处呢。

高尼姆在脸书上发起了他的倡议，埃及人的游行吸引了成千上万的陌生人。有趣的是，埃及只有不到20%的人可以上网。大多数的示威者完全不知道高尼姆在网络上发起的行动号召的存在。相反，他们都受到了一种能产生共鸣的强有力的传染的影响，这种影响是如此之大，以至于它超越了相互竞争的逻辑和理性的恐惧，不惜任何代价地利用一种普遍渴望变革的情绪。这一点告诉我，榜样的影响力如此深远，以至于我们常常不知道我们自己在模仿谁，或者不知道我们根本就是在模仿这些榜样。这让我既着迷又害怕。我想知道，什么时候我们的行为不是我们自己的？尽管戈尔维策说过，暗示不能提示我们做任何违背我们本性的事情，但是这仍然留下不少空间要进一步捍卫和保护。

在奢华的家庭聚会之后，高尼姆的故事一直萦绕在我的脑海中。我回到档案室，又开始挖掘新的资料。我偶然找到了两个不同寻常的事件，都是关于陌生人在暗示的影响下实施暴力的。在心理学家弗里茨·雷德尔早期的一项行为研究中，他描述了一场在一个为问题青年设立的营地里自发的食物大战。现场有几十名露营者，还有满天乱飞的无数塑料盘子。如果回到当时，我就要跟踪影响机制，灵活地避开翻滚的盘子，躲开漫天飞舞的食物，绕开这些烹制半熟的食物武器，还有瞪大眼睛相互攻击的年轻人，我会把注意力集中在煽动者身上，这个煽动者不良行为中的异常表现通过引发 80 名露营者参与这场食物大战，从而打乱了食堂的和谐。

我还看到刊登在《纽约邮报》上的一篇文章，讲的是一家著名体育俱乐部的几名成员之间爆发一场争论的故事。关于细节的记载并没有多少，但是据目击者称，这场争论的根源是一名女性。几个成员投入到争论中，气氛骤然紧张。两名成员一言不合就大打出手。一名成员的拳头打在另一名成员的下颌上，气氛就更加紧张了。血清素水平下降，愤怒就像一个具有破坏性的电子脉冲一样弥漫在整个房间中，通常控制道德评价的前额皮质回路简直要爆裂了。它超负荷地调节情绪，并激发那些没有参与到争端中的人也有了痛打别人的冲动。紧接着，酒吧里数十人都混入斗殴中。警察赶到这里并逮捕了该体育俱乐部三位名声显赫的成员。救护车把其他人送去就医，处理受伤者的鼻子和眼眶。

这两则用拳头和四处乱飞的盘子大打出手的报道，说的就是行为传染的效应，这就是一种无意识的交流，一种马克 · 米卡莱所说的原始母语的个人用语特征，这种原始母语产生于人与人之间，受社会影响而出现。当我读到这些故事时，有三件事对我来说很重要。首先，雷德尔观察到，那些引入这些行为传染的人——行为榜样，往往没有意识到他们在社区文化中所拥有的崇高声望或者英雄地位。社会学家马克 · 格兰诺维特认为，通常那些拥有崇高地位的人往往都具有最低的令人信服的门槛，这就意味着他们几乎不需要采取任何行动。高尼姆毫无疑问就属于这类人。第一个出手打架的俱乐部成员也属于这类人，还有那个在食堂里率先扔出餐盘引发一场史诗般食物大战的露营者也同样属于这类人。

其次，让我印象深刻的事情是，就像那些煽动者自己一样，往往受到了社会行为传染却不知道谁是有较高威望的人。虽然拥有这种高声望的人不需要别人来说服他们去扔盘子或是大打出手，但是后续加入的人却有稍高一些的门槛，而且很可能不会在没有注意到别人先开始打架的情况下开始打架。这一效应不停地延续，最后一批参与到斗殴中的人需要最高的门槛。无意识的行为影响与人们所享有的威望没有什么关系，而是与他们周围的人关系更大。

最后一点，或许也是最重要的一点，当拥有较高威望的人传播勇气和雄心抱负时，他们也有可能传播不良行为。在科技高管的家庭聚会上，高尼姆告诉我，尽管埃及的变革是和平的，但他返回硅谷后，看到埃及再次陷入敌对状态时，他的心都碎了。尽管拥有较高威望的人能够激发人们和平变革以及人们的勇气，但他们也在提示人们，在人类行为当中最具传染性的事情之一，就是暴力。

这让我回想起我最初的担忧。如果我们的行为并不总是我们自己的，那么这些有高威望的人就会影响一些人，使他们变得对他人或他们自身充满暴力。这也是近年来我一直在思考的问题，尤其是像校园枪击这样的暴力事件似乎已经在美国各地传播开来，经常让人们心中产生这样的疑问，即这种事件到底有多容易传播开来。我认为，当美国的校园枪击案以一个月一次的频率发生时，弱势群体就存在一定的风险，他们可能会效仿由媒体、公共话语和知识所传播的有害思想和行为。换言之，我已经开始认识到这种模式，开始理解其中包含的奇特传染在全国范围内蔓延的迹象。按照这一思路，我注意到计算流行病学家雪莉·托尔斯的研究，其主要研究领域包括传染病模式。托尔斯经过对校园枪击案一段时间的记录后发现，这些案件就像打架斗殴和食物大战一样，也受到社会传染规律的影响。据她计算，有 20% 到 30% 的校园枪击案都是由一个校园枪击者对下一个枪击者的刺激所引发的。无论是有意的还是无意的，行凶者都传染上了要完成这些令人发指的事件所必需的想法、行为和情绪，这些不是来自有较高威望的人，而是来自那些能引起全国关注的高调事件。

就是在这里，从沃顿商学院到纽约大学，再到硅谷的一个家庭聚会，再到研究旋涡，我在这条迂回曲折的道路上，偶然发现了有希望治愈美国这种奇特传染的下一个重要线索。

我解读了托尔斯关于暴力枪击事件的研究，发现了一个鲜为人知的研究领域，这个领域涉及如何消除暴力的社会传染。我用蓝笔圈出一个名字。如果确实有人即将创造出一种有效的治疗方法来终结像暴力这样肆意猖獗的现象，那么这个人就有可能让我们更接近于终结那种由我们自身所造成的暴力。

第十八章
社会传染可以根除吗?

自从帕洛阿尔托镇的5名学生自杀后，我发现自己至少搭乘了6条通勤火车线路——大都会北方铁路、长岛铁路、芝加哥通勤铁路、美国国家铁路、加州铁路，现在返回芝加哥我搭乘的是纽约地铁L线。

当我在城市东部穿行时，我头脑中满是关于火车的分类，尤其会注意它们之间的不同之处，注意到每个铁路系统都会呈现出的独特环境和体验方式。铺着地毯的车厢和铺着油毡的车厢里的脚步声也是完全不同的。在双层列车的第二层能体验到一种激动人心的感觉，此外就是一致的感觉，在单层列车的乘客能体会到那种“大家聚在一起，团结一致”的感觉。在有咖啡间的火车上，花5美元就能买到包装好的丹麦咖啡，而有些火车上根本就不卖咖啡。有的火车上有快乐的播音员，有的列车播音员简直让人无法忍受，还没播报完乘客就关掉了扩音器。

我小的时候就很喜欢坐火车，只是并不经常乘坐。我喜欢在走道里站着或者来回走，当列车像飞驰的火箭那样呼啸疾驰时，我尝试着保持平衡。我享受着火车毫不费力地从速度为零到全速行进的疾驰之感，这可比汽车快多了，高速运行的火车让窗外的风景也迅速掠过。这样的速度让世界看上去都有些与众不同了。

你在列车上不看细节，会开始观察它的实际形态。你走得越快，整个画面就会越集中。

然而，到现在为止，乘火车的经历已经让人产生了一种悲凉忧郁的感觉。坐在我对面那排位子上的一名乘客周围都是报纸。在他前面，一个穿着T恤、破裤子和脏兮兮的凉鞋的家伙正坐在座位上用笔记本电脑打字。隔了几排的位子上坐着两个小姑娘，正在喝高罐果汁饮料。不难想象，以这样的速度突然停下来会对我们所有人产生什么样的影响，乘客会感受到什么样的震动：这会把我和同行的乘客们拖离我们日常生活的轨迹。如果有人就站在前方的铁轨上，我们会不会感觉到火车撞上了人呢？我们能否透过窗户看到一切呢？在允许我们下车之前，乘务工作人员是否会隐瞒火车撞人的真相呢？这些画面是否会永远萦绕在我们心头呢？

在火车上，我把过去两年我能确定的关于奇特传染的内容来回串了一遍，癔症、职业道德、贪婪、恐惧的自我应验预言，以及用来应对每一种奇特传染的方法，还有这些情况下引发的一些问题。我也了解到暗示如此之多，以至于对它们全部进行分类几乎是不可能的。然而，在我去芝加哥的途中，我开始寻找一些完全不同的东西，一种能够包罗万象的解决方案。我有理由相信雪莉·托尔斯在枪支暴力方面的研究为我们指明了一条道路，构建了一个独特的框架模式。

这就是加里·斯卢特金着眼考虑的。

作为一名年轻的流行病学家，斯卢特金被他后来称之为“无形”的东西吸引住了——这就是传染病存在的领域，也是社会传染蓬勃发展的地方，而这一切都超出了人类的视野范围。斯卢特金作为流行病控制专家，也是在这个领域学会怎样生存的，早在20世纪80年代初，他就参与过遏制旧金山猖獗的肺结核疫情，与此同时他也开始了解这个“无形”了。后来，为了阻止霍乱在索马里难民中蔓延，他又和这个“无形”进行了斗争。他致力于驯服这种“无形”，当他无法驯服它时，他学会了和这种“无形”共同合作，通过建立当地外联工作人员相互联系的系统，让他的团队能够及时发现新的疾病症状。这些组织网络帮助斯卢特金劝说顽固的人群接受药物治疗，改变处理尸体的方式，净化饮用水，给孩子们多喝水，并且隔离病患——在当地贫穷、资源有限、思维方式传统和政治腐败的环境里，要根除疫情，这些行为的改变常常会遭遇难以逾越的界限。这些胜利往往是缓慢而来之不易的，在当地经过10年的努力，他觉得自己是时候回美国了。

斯卢特金向我讲述了他的故事，当时我们面对面坐在他位于芝加哥伊利诺伊大学的私人办公室里。我先乘坐L线地铁到公共卫生学院，然后搭乘电梯到达标有地铁线路图和绿色储物柜的楼层来找他。这个地方看起来比彼得·戈尔维策的动机实验室更为友好，到处都是明亮的窗户、接待区，还有光线充足的走廊。斯卢特金本人给我的印象是，外表很普通，性格低调而且稳重。他肩膀强健有力，脸上总是流露出一种坚定的神情，甚至他的眼睛里也总是闪烁着让人觉得柔软的喜悦的光芒。早晨10点钟的时候，他就已经把深蓝色衬衫的袖子卷到了胳膊肘处。在他桌子后面的窗台上挂着一面小的联合国旗帜，从窗户可以俯瞰棕灰色城市的天际线。芝加哥的谋杀率高于纽约和洛杉矶。持械抢劫、帮派暴力、暴力殴打和强奸等犯罪事件的发生率远远高于美国大多数城市。斯卢特金说："当我回到芝加哥后，这里的暴力问题，以及全美各地的暴力问题，其实一直就明摆在我眼前。"他说，关于暴力问题有一种常见的模式，即暴力从一个人传递到另一个人，从一个社区传递给另一个社区。"其实暴力具有和病毒传播一样的特征。"

电子显微镜下的细菌培养物显示，单个的细菌具有与它周围细菌相似的形态、颜色和化学特征。每个细菌都会以相同的方式进行吞噬、消灭或繁殖。他对暴力模式的研究越深入，他就越能看出，当人们接触暴力这种特定的社会传染时，所呈现出的行为和细菌培养非常相似。

还有其他的一些相似之处。例如，根除传染病和社会传染最大的障碍正是传染本身。正如霍乱会导致更多的霍乱病例一样，暴力也会导致更多的暴力案件。在美国小到地盘之争大到内战，侵略都是进一步传播更多残暴行为的刺激因素。在社区中接触暴力会增加一个人在家实施暴力的可能性；家庭暴力会增加一个人在社区采取暴力行为的可能性。“我们和自然不可分割，我们就是自然。行为传染的原因和细菌传染的原因一样。这是自然持续进化的最有效方式。历经几代人所学的东西最容易通过建模、复制和模仿来传递。”他还补充说：“而且几乎没有一件事情是有意识地去做的。我们有一种想法，作为个体和一个物种，我们对如何行事要做出决定，但是这个世界太过复杂。就大脑功能方面而言，我们要探讨的是一千亿个神经元，一百万亿次的神经连接，所有这些都是能在我们的意识之下得以激发出来的。”

这就是“无形”。

这就是得病的原因，也是传播的过程。当有人探索一桩奇特传染事件的复杂性时，一旦我们改变了自己的视角，一旦我们加快或放慢事情的速度，一旦我们一点一点地审视这种现象，这种模式就会出现。

多年以来，斯卢特金一直在非洲大陆上追寻这种无形的东西，他利用自己的医疗模式追踪流行病，并将其应用于美国日益猖獗和蔓延的暴力活动中。考虑到疾病控制和行为改变方法这两个方面，斯卢特金设计了“治疗暴力”的框架。在非洲时，他依靠当地监察员的组织向他的团队通报霍乱或者肺结核的疫情症状，在“治疗暴力”框架中，他创建了由本地社工、前帮派成员，以及值得信任的社区领导者组成的超本地社群。

他称这些人为暴力行为的阻止者。他们阻止暴力的传播，扼杀了暴力的发展，切断了暴力的路径。

我问斯卢特金，他是如何变成一名阻止者的。他说，你要向人们解释一个暴力事件是如何传递给其他人的，如何发现其潜在的扩散迹象，如何在事态扩大之前将其逐步缓和。

在第一个暴力信号出现时，阻止者就要在事发中心地带游说。在斯卢特金曾经向受感染人群发放药物的地方，暴力阻止者要立即采取社会和教育干预措施来阻止报复性攻击的传播。他们出现在医院里，帮助受害者进行治疗，并与他们的朋友、家人以及任何帮派取得联系，以平复他们激烈的情绪，在受害者变得更极端之前调停冲突。

斯卢特金把笔记本电脑转向我，他打开一个满屏幕都是统计数据的界面。在巴尔的摩，"治疗暴力"模式的实施已经使谋杀减少了 56%，枪击事件减少了 44%。"治疗暴力"实施地区的人们很少或不支持使用枪支的可能性是未实施地区的 4 倍。在纽约充斥着最严重暴力活动的社区，该模式的实施使每月的枪击率下降了 6%；在波多黎各的各个社区，枪击死亡人数减少了 50%；在英国，参与"治疗暴力"模式的社区中，群体暴力事件已经减少了 95%。在芝加哥采用这一模式的社区中，有半数以上社区的报复性杀人案减少了 100%。在每个事例中，"治疗暴力"项目都建立了警察岗哨、医生、社会工作者和教师组成的人员架构。"治疗暴力"模式不仅训练了阻止者如何去识别事件爆发的征兆，还教会他们面对暴力时保持坚韧不屈的状态，同时也教会他们利用适当的因素保持镇静沉着。斯卢特金的前提条件很简单，但却非常重要。通过向人们解释这种社会传染是如何运作的，以及社会传染为什么会传播开来，“治疗暴力”模式就将控制权交还给了社区。了解这种社会传染对我们的行为、感觉和思考的影响方式，就能让作为阻止者的人们更好地影响和操纵他们自己的命运。

他说：“我们正在让无形的东西变得可见。”

我花了点时间整理了一下思绪。好吧，我认为，斯卢特金指出如果他建立一个训练有素的阻止者人员架构，对这些人员就如何识别暴力的苗头和“治疗暴力”症状进行教育，他就可以有效地阻止社会传染的广泛传播。他和那个无形的东西斗争的日子就一去不复返了。他把这种“无形”显露出来，向人们展示它是如何运作的，解释它为什么会有效，教会阻止者们阻止这种无形的东西发挥作用。雪莉 · 托尔斯也以她自己的方式，尽自己的一份力量去发掘这种无形的东西。她发现了社会传染；斯卢特金找到了解药。

这一切在我脑袋里翻来覆去：传染、治疗、揭露无形之物。我内心有一个大胆的想法，想要完全相信斯卢特金的想法，相信有一种治疗方法就在眼前，触手可及，相信那种意识，那种不稳定但却重要的要素，最终就是最有效和最有影响力的对抗奇特传染的武器。到目前为止，在我的研究中，斯卢特金对意识的态度或许是我所听到的最符合逻辑的反应。但是我还是对迄今为止我了解到的奇特传染的特征，以及它们是如何被设计出来驱动其传播的表示怀疑。甚至是在一个无意识的层面上，社会传染也依赖于意识得以茁壮成长。杰拉尔德 · 拉塞尔和安妮 · E. 贝克尔强调意识到饮食失调症的破坏力，即使媒体在宣传推广治疗过程中导致更多的人传染上了这种疾病。然而，有一种观点认为意识是一种自动抵消的平衡，特别是我们用事实来抑制基于恐惧的传染，比如像癔症这类传染病。斯卢特金的模式是否足够强大，足以超越预期的反安慰剂效应，即在这种预期中事实是否能取代迷信、神话和错误信念，并创造出自我实现的预言呢?

我问斯卢特金:“我们能谈谈硅谷吗？”“硅谷能运用你的模式来治疗它的症状吗？”

我发现自己正看着斯卢特金，仿佛在用我的目光敦促他提供另一条线索。作为回应，他的眼睛也闪烁着自信的光芒。

“硅谷正在用呢。”

第十九章

暴力可以阻止，自杀也可以

帕洛阿尔托和东帕洛阿尔托作为姐妹城镇由大学大道连接，并被一条直通硅谷的州际公路分开。尽管地理位置和名字很相近，但两个社区却有着天壤之别。帕洛阿尔托镇是全美最富裕的地方之一。在州际公路西侧，大学大道两旁房屋鳞次栉比，人行道上绿树成荫，还有不少科技公司，以及高档酒店和餐厅。可以说，这里仅凭一根光纤就能将现代化的东西传送到世界各地。继续沿着大学大道走下去，就直达硅谷的核心，全球最富有的富翁中有10位在硅谷拥有自己的地产，在群发性自杀事件开始那会儿，硅谷的家庭收入中位数就已经高达12万美元了。

在州际公路的另一侧，大学大道通往东帕洛阿尔托偏远的小镇，这里既是一个被创新驱动的财富所包围的社区，又是一个未受这种财富影响的地方。在互联网蓬勃发展时期，这里的房地产价格一直没有什么变化。家庭收入中位数停滞不前，每年还不到45 000美元，超过22%的家庭生活在贫困线以下。东帕洛阿尔托以其高犯罪率和帮派活动而闻名。该镇每年记录在案的袭击事件就超过200起，而邻镇帕洛阿尔托记录在案的仅为这一数字的1/5。

鉴于两个镇子如此临近，有人不禁要问，到底是什么阻止了暴力的传染，使其没有跨过州际公路的八车道而进入帕洛阿尔托呢？这并不是说似乎帕洛阿尔托就不会受到暴力的社会传染的影响。1995年，警察接到911报警电话，称一群青少年聚集在钱宁大道上开枪射击。帕洛阿尔托并不存在帮派问题，但是这一孤立事件还是引起了人们的担心，他们担心东帕洛阿尔托的麻烦最终会跨过州际公路，向他们这个安静的社区蔓延。警方将这一犯罪行为从帮派冲突降级为两个“想要掌握帮派主动权的团伙”之间的分歧，这两个团伙由大约12名来自帕洛阿尔托地区学校的学生组成。其中一名涉案的学生向《帕洛阿尔托周刊》透露，他和他的朋友们都想去宾夕法尼亚大学，而不是去州立大学。可见，即使是所谓的帕洛阿尔托黑帮成员也渴望接受四年制的高等教育。

帕洛阿尔托市政厅就这一孤立事件做出回应，通过了宵禁令。小镇组建了打击帮派和暴力专案工作组，正如一位官员所说，该小镇暴力活动的发生通常都是巧合，而非蓄意而为。与此同时，东帕洛阿尔托仍然是帮派活动的真正中心，毒品交易猖獗，谋杀率居高不下。我们很容易得出这样的结论，帕洛阿尔托充其量不过就是反应过度，最糟糕的是，在某些圈子里，这个小镇被认为是以富有和名气而著称，与现实世界的联系却微乎其微。但是，深入研究该地区的社会经济和文化数据，就可以得出第三种解释。帕洛阿尔托对暴力的容忍度非常低，而东帕洛阿尔托对暴力的容忍度却明显更高。

雪莉·托尔斯在调查美国校园枪击暴力事件如何蔓延开来时，她也注意到了这个容忍度的影响。举例来说，为什么在邻国加拿大，枪击暴力并没有蔓延开来呢？在加拿大，大规模枪击致死事件的比率非常低，大概占人口的千万分之一。两国的人均精神疾病发病率相对较为相似，也都有相同媒体的广泛曝光。尽管在加拿大，与枪支相关的规范性文件绝大多数是针对猎人的而非自卫，但是两国的枪支所有权却都是一样的。托尔斯下的结论是，一种文化对暴力的容忍度是管控枪击暴力传播的最重要因素之一。1989 年在蒙特利尔大学发生了加拿大最为严重的大规模枪击事件，该事件造成 14 名学生死亡。在这一场全国性的灾难之后，加拿大进行了一场文化上的反思和重新审视，并通过了极其严格的枪支管制法。托尔斯由此得出结论，加拿大对校园枪击案的容忍度远低于美国，在美国，与枪支相关的死亡人数仍远远高于任何其他发达国家。

和加拿大一样，帕洛阿尔托对暴力的容忍度特别低，因此一旦有暴力事件发生，就会迅速采取行动将其终结。东帕洛阿尔托数十年的剥削和苛待导致该地区反而发展成为一个能高度容忍暴力的地方。在 20 世纪 50 年代的时候，这个城镇用廉价的住房取代了萧条的农业社区，周围富庶的城郊都来剥削东帕洛阿尔托的劳动力，高速公路的扩建使得 45 家大型企业都纷纷倒闭。我所在的小镇吞并了东帕洛阿尔托近 1/4 的土地，还剥夺了社区的财产税收。与此同时，加州还在东帕洛阿尔托征收大笔的公共事业税。犯罪率不断上升，中产阶级纷纷逃离此地。毫无疑问，一个受教育机会如此之少、贫困问题如此之严重的地区，注定会营造出一个社会传染广泛传播、对暴力容忍度极高的完美环境。

当东帕洛阿尔托采用“治疗暴力”模式时，该模式能够训练阻止者识别并化解冲突。警察和外联人员融入这个弱势社区的重点区域中。他们把公园和已知的帮派活动场所改造成健身训练（FIT）区，把公共空间改造成健步走训练班、冥想小团体和有氧舞蹈班，以帮助市民重新获得对社区的控制。在实施该模式的一年中，东帕洛阿尔托的枪击事件减少了 60%。

斯卢特金讲完他的故事之后，将电脑转过去把屏幕关掉了。当我思考下一个问题的时候，我又看了看他。我知道这是一种假设，而且我知道这也超出了他的专业知识范畴，但是不管怎样我还是要问，因为这个谜题就在手边，而且它一直都在手边，在东帕洛阿尔托，在大多数人不知情的情况下，这种模式正发挥着它的作用。

如果“治疗暴力”模式能阻止一种社会传染，那我们能否将其重新调整，并用于阻止别的社会传染呢？建立一种“治疗暴力”的人员架构和基础设施来支持治疗似乎是一种行之有效的方法，这种方法不仅可以阻断攻击和暴行，还可以阻断社会传染。

然而，虽然这种治疗可以阻止暴力，但运用他的治疗模式阻止多变的社会传染的完美风暴——恐惧、癔症、有害的职业道德、贪婪，还有引导所有这些的刺激——这项任务，我担心范围要大得多。教育人们成为奇特传染的阻止者，就是要让他们至少了解6个组成部分的迹象和症状，也许更多。这是一项艰巨的任务，而且，我怀疑这几乎不可能进行下去。

“是吗？”我问他。

这个问题引发了他的兴趣，他从理论上沉着镇定地应对。有没有可能用他的“治疗暴力”模式的扩展版本覆盖帕洛阿尔托的奇特传染呢？他歪着头陷入沉思，嘴巴随着他的思考绷得很紧。基于假设进行思考的能力是一种特殊技能，是真理和渴望的一种矛盾组合，而且我深深地意识到自己很感激他任由我提问。他的眼睛闪烁着感同身受的光芒。

他说，要构建这个理论基础，就需要创造一种语言来规范关于传染性思想、行为和情绪的对话，促进那些有传染风险的人的家人和朋友之间进行深入的感情交流。为人们提供宣泄自我的渠道。教育社区自行支配所有可用的精神卫生资源，然后通过建立更多的诊所和医院、提供更多的床位来扩大基础设施建设，以便医生为病人提供服务。让政策制定者为门诊服务授权，以提供足够的医疗保险。然后，增加训练有素的心理健康方面专业人员的数量，尤其是要增加自杀风险评估和治疗方面的专业人士的数量。

我们将把老师、学生、学校行政人员训练成阻止者。他们在实践中识别有问题的社会传染的警告信号，并在它导致悲剧之前将其阻断。为了让它发挥作用，毫不夸张地说，在这些安排之下每个人都必须成为无形之物的阻止者。培养这么多的阻止者就其本质而言已经变成了一种社会传染。我们联系那些有较高声望的人，让他们通过暗示、肢体语言、丰富的文化基因传播阻止者的思想，“寄生思想”，正如理查德·道金斯所写到的，将其转变成传播媒介。通过这些威望极高的人，其他人将受到社会警惕的传染，还有适应力、毅力等的社会传染。他们就会有采取行动的意愿，因为有越多的人去留意他人的行为，就越有可能永久地阻止自杀这一社会传染。

该地区实施“治疗暴力”模式已经取得一些成功的事实说明，该地区是能够接受这种治疗的。而且现在斯卢特金已经向我展示了无形过程的有形化，现在我明白了，将这种模式扩展开来，并将社会传染也包含其中，根本就不是什么假设。我认识到基础设施建设和人员架构的组成都已经起步。在硅谷，有甘恩中学召集的精神健康资源、有斯坦福大学心理学家提醒媒体注意新闻报道措辞，有该镇举行的解决方案例行研讨会，还有校区就教育实践提出了全民公投。谁知道呢？或者这就是为什么我们这两年多的时间里没有再经历另一起自杀事件的原因吧。这些脆弱而且不确定的公共建设正在发挥作用。不，这里唯一的假设就是阻止者有足够的能力将风暴圈禁在港湾。

第六部分

心灵的闯入者

不仅是智力的骄傲，还有智力的愚蠢。最重要的是，不诚实，是的，智力的不诚实。是的，事实上，是不诚实和欺骗的智慧。

——列夫 · 托尔斯泰

第二十章
社会传染的奥秘无法触及

2012年夏天，我们的朋友开始搬离硅谷。最先搬离这里的家庭有两个还不到5岁的女儿，丈夫是一所特许小学的校长，妻子是斯坦福医院的护士。他在中央山谷的一所学校里找到一份工作，之后，他们在毫无预兆的情况下就搬走了。

紧接着搬走的一对夫妻，也有两个孩子。他们在帕洛阿尔托以南20英里的地方买了一套小平房。另一个家庭移民到了以色列。还有我们认识的一个四口之家搬到了亚利桑那州。距离我们公寓三个单元远的邻居带着孩子跨过海湾搬到了加州伯克利。谷歌公司托儿所的一名老师也开着平板卡车，载着她所有的东西，和她的未婚夫一起在中西部某个地方重新安置并开始组建家庭。

我们的每一个熟人都因为工作机会或高昂的生活成本等不同的原因纷纷离开这里。然而，对于每个人而言，他们都承认他们不会再记挂在硅谷养育孩子的烦恼了。对于他们中的任何一个人来说，这似乎是无关紧要的，因为两年过去了，再没有孩子走上铁轨拿自己的生命冒险。群发性自杀事件依然令人记忆犹新。然而，对于这个饱受精神创伤的小镇上的人们来说，比起对这些事件的回忆，他们对再一起死亡事件的恐惧表现得极其不合理。现在的生活很平静，但是我们都知道这种平静很快就会崩溃并形成混乱。而且我们都知道那会多么轻而易举，就像是用铁锤敲碎一个复原好的陶瓷罐子一样容易。我们假设每一次吸气都会导致一次呼气，但是这个小镇已经有 30 个月都没有呼气了，而且此时此刻时间和空间都无法改变小镇这种死气沉沉的状态。我们都等待着保证自杀事件不再发生，而且我们将继续等待。5 名自杀的孩子已经变成这个知名城镇中许多麻烦的替身了。与此同时，我们也把这些麻烦看作是带走这些孩子的罪魁祸首。如果我对自己很诚实，我还是不确定我们能有多安全。我想，这也是我们事后才会知道的事情。

事实上，我仍然有很多疑问，比如两年前在奇特传染的掩盖下还发生了什么。我们对已经发生的事情还有很多的不了解。如果我们不能完全理解所发生的事情，那么我们就会有让它再发生一次的风险。除非事情的所有奥秘都被揭开，否则调查就不会终止。奇特传染是它各部分的总和，但又大于这个总和。如果要说我的探索教会了我什么的话，那就是个体的社会传染在我们的日常生活中至关重要。只要社会传染存在，另一场完美风暴就很可能降临在我们身上。至少，这是我所担心的，因为在我们的朋友们纷纷离开这里时，我们还是选择继续留在这里。

当我们周围越来越多的人离开这里散居别处时，逃离该镇的话题就越发严肃了。我和妻子开始从他们搬走的决定中看到了安全。我最近和甘恩中学校长诺琳·利金斯有过一次交谈，她在第5起自杀事件发生后没多久就退休了。她告诉我她住在圣克鲁斯，每天从家到学校上下班往返要走80英里。想想自己住在硅谷以外的地方，她说："这简直就是一种解脱。""当你到达17号高速公路的坡顶，然后开始顺路下滑时，就像是你把那个地方完全抛到身后了。我认为，在那段时间里，这么做能让我保持理智。我还可以回家，还可以试着把它抛到一边。"

然后，对于我们所认识的每一个离开小镇的人来说，还有很多人吵嚷着要到硅谷来，要充分利用此地提供的一切，并为使它成为他们想要的那种社区做出贡献。从本地的自然美景到充满雄心壮志的企业家的文化，再到充裕财富的文化，这里有理由成为加州发展最快的城镇。

在这个地方，枫树成荫的街道都是以普林斯顿、耶鲁、康奈尔、哥伦比亚和艾莫斯特命名的，以其无言的雄心抱负而自成一派，实际上，死亡固有的恐惧让这个地方并不比其他任何以自我创造为特点而界定或摧毁的地方更可怕。在这种情况下，这里的特点真的是许多地方尝试模仿却最终无法成功的。

我参观了奥斯丁科技孵化中心和波士顿128号公路走廊地带，这两个地方离得很近。中国已经投资数十亿美元用于研发，以促进研究和创新，目的就在于培育中国自己的硅谷。澳大利亚的政策制定者也在做同样的事情。美国各地的社区正在把大学城改造成新的发明中心。但是没有一个能成功地和这片方圆 1 500 平方英里的土地的产出和取得的进步相匹敌，这里是西海岸的一个洼地，是进步的中心。

《麻省理工学院科技评论》指出，即使其他地方无法复制硅谷的魔力，也已经注意到了硅谷的思维模式。要想实现这个目标，就要有充满魅力的科技火花从这个地方冒出来。尽管如此，每一次试图复制硅谷的那种产出和成就水平的尝试都不能得到这个富有魅力和自负的“黄金国”的精髓。它们胡乱摸索着尝试将创新和商业策略结合起来，却在重塑一个以开放和理念共享为基础的全社区范围内的企业文化方面踌躇不前。

我们看着人们来来往往，我们也继续衡量构成硅谷一切美好和希望与对其不利的阴暗面的因素，没有什么比一个秋日的早晨发生在我们头顶上空的事件更典型的了。

我在网上看到，美国国家航空航天局计划让航天飞机“奋进号”退役。为了祝这次航行顺利，太空总署将把太空船空运到洛杉矶的最终停放地。从航线上看，它的飞行路线正好途经我们小镇的上空。

我们带着刚出生的女儿和三岁大的儿子，推着双人婴儿车走进了谷歌总部对面的一片棕色田野里。我和妻子费了不少力气才在人群中找到一块地方，然后在地上铺了一块毯子坐下。我们一家人都舒服地躺在毯子上，仰望着天空。周围有一些人把高性能照相机架起来对准了北方。还有一些人则在智能手机上绘制飞船低空飞越此地的路线。大约一个小时以后，一个模糊的黑影在早晨的薄雾中突然出现。当黑影越来越近时，我们可以清楚地看到航天飞机被搭载在美国国家航空航天局改装的波音 747 飞机的尾部。

我站起来，双手托着儿子的腋窝把他举起来，让他坐在我的肩膀上观看这个场景。他红色的网球鞋在我胸前摆来摆去，我两手抓紧他的脚踝。飞机在我们头顶盘旋，低得我们都可以清楚地看到航天飞机的细节，还有飞机尾翼上的国家航空航天局徽标。我能感觉到我儿子身体重心在变化，他在使劲向上，想抓住飞机。

我注意到很多人也在伸手去抓航天飞机，就好像这个工程设计的奇迹立刻激活了我们每个人内心深处的某种东西，有一种想要伸出双手的冲动，去触及超越我们能力的东西。我们这些人为自己能突破壁垒而感到自豪，也已经习惯了相信你能学会达到那样的高度。在这里，你可以绕着人类、星球、天体运行，甚至胜过它们，比它们更闪耀，让其他所有人都黯然失色。

第二十一章

搭载式治疗方法

纽约的秋天伴随着清新的空气让整个城市都“冷却”下来了。当我经过联合国总部的时候，总部大楼前各国国旗在第一大道的人行道上投下一道道阴影。穿过街道，我通过一扇沉重的玻璃门，过了联合广场的安全检查。无论是X光机还是金属探头都没有强大到探测出我所追踪的那种社会传染。即使再多的安保人员，即使再有一支小型部队的全部火力，也没有任何办法阻止社会传染。

几天前我还在家的时候，电视上转播的晚间新闻中有一个关于“奋进号”低空飞行的片段。摄像机镜头成功地从一个壮观并且有利的视角清晰地捕捉到了航天飞机的细节，让我感觉也许我们根本就没有去现场看过，或者我们目睹了一场完全不同的事件。观看着电视上的新闻，那种无限的兴奋又一次在我的胸膛里绽放开来。这就是媒体的力量，它能立即揭示现实，增强即视感。看着航天飞机在电视屏幕上移动，我突然想到，如果我们能捕捉到像饮食失调症和癔症这样的社会传染疾病的躯体化症状，那么我们也可以利用电视媒体来介绍一种特定的治疗方法。我们可以将一种简单安全的治疗措施借助数字化、高清影像进行展示，就像“奋进号”被搭载在波音 747 飞机上一样。

为了验证这一理论，今天我又回到了曼哈顿，现在正和一名全副武装的警卫面对面地站在一起，他正拿着我的证件仔细全面地检查，仔细得都有点过分了。他问我到底是什么原因要到联合国广场来。我想要告诉他，我有理由相信在这栋建筑的第五层有我要找的难解谜题的下一个答案。或者我可以告诉他，我千里迢迢赶来，就是要找一个名叫肖恩·索西的人，想从他那里打听如何才能治疗他从未听说过的一种奇特传染。

但是，相反，我告诉他我来这里是为了访问PCI媒体影响公司。警卫把我的证件在袖珍蓝光灯下面照了一下，然后看着我，毫无表情地把证件还给我，在电脑上核对我的姓名之后，又用金属探测仪对我全身进行检测，才让我进了电梯，并按下了我要去的楼层，在电梯门关上时，他快速退回了大厅，在这里，他们不会胡来，我能理解；而且，我也不是来这里混时间胡闹的。

我要找的PCI媒体影响公司所在地就在一个很短的走廊尽头。我走进一个满是编辑工位和制片人的房间，这些制片人正在电脑前安安静静地埋头工作。一个留着短发、蓄着胡子的年轻人离门口最近，他抬头看着我，不像大堂警卫那样充满怀疑。他说，只要稍等一下就行，很快就会有人来接待我。我坐在一把硬塑料椅子上等着。这里的墙面都是冲击视觉的橘黄色。在一个塑料框架里的一张大幅海报上写着：用令人信服的生活故事走向下一个10亿。

为了打发等待的时间，我环顾周围的一切，一个有上百年历史的胜家缝纫机的高档老式木箱吸引了我的目光。我之所以认识它，只是因为在我成长的过程中，我家就有一台像它一样的传家宝式的缝纫机。和这台放在曼哈顿媒体企业等待区的缝纫机木箱一样，我家也是把它当茶几用。该公司的执行董事肖恩·索西很快就出现在它的旁边。他身穿一件深色运动夹克，宽松的休闲裤，戴着细框眼镜。

我起身就站在这个木箱旁边，和他握了握手，问道："为什么用缝纫机呢？"

"你喜欢它吗？"

"它确实很漂亮。"我边说边用手掌按了按它光滑的箱体。已经磨损的木头应该修补处理一下。箱子里，缝纫机的黑色机身上发出着暗淡的光泽，上面还镶嵌着金色掐丝。缝纫机的大部分部件：平衡轮、线轴销、过线轮，还有针杆，仍然完好无损。从它的外观来看，整体都已经褪色了，也已经被弄坏了，而且很长时间没有人用它做过缝纫活了。要让这个物件再次被利用起来，只要很简单地踩踩下面的铸铁踏板，用手摇动它的传动皮带轮，把皮带扣在皮带滑轮上，然后它就开始有节奏地动起来了，这几个简单的动作就能让一根缝纫线扎进一段织物当中去。这种普通的动作曾经席卷整个了拉丁美洲。而且，如果保安一定要知道的话，这正是我来到这里的原因。

广播电视史上收视率最高的肥皂剧是由秘鲁制作的名为《单纯的玛利亚》(*Simplemente Maria*）的浪漫电视剧。这部电视剧在1969年到1971年间播出，讲述的是一个来自安第斯山脉的城乡移民想在大城市安身立命的故事。前十几集讲述的是女主人公在一个贫穷的移民社区苦苦挣扎着活下去的故事。为了维持生计，她白天在富人家打扫卫生，晚上在马埃斯特罗·埃斯特班开办的扫盲班学习，埃斯特班悄悄地爱上了他的这名学生。埃斯特班的母亲通过教玛利亚用胜家缝纫机在布料上飞针走线，将她培养成一名裁缝，她用的缝纫机就和现在放在PCI媒体影响公司大厅里的这台摆件一样。这部长达400集的电视剧在大结局中上演了女主角逆袭成功的一幕，玛利亚不再是个贫穷的女仆，而是一位巴黎国际时装设计帝国的总裁。

尽管《单纯的玛利亚》这部电视剧只是纯粹用来消遣娱乐的，但它提出了移民女性解放、家庭用人的待遇以及社会阶层之间的冲突等问题。这一连续剧播出后立即引起轰动。在它被连续播出的几年中，收视率比世界杯足球赛还要高。

有趣的是，胜家缝纫机制造商在此期间也报告说在所有18个播放这部电视剧的国家其销售量增加了9%。这一报告和当地从事缝纫工作的女佣人数记录相符。当索西回忆这个故事的时候，我想起了安妮·E. 贝克尔的研究，以及她按年代记录的斐济人在20世纪90年代以电视节目为主要潮流的基础上追求苗条的理想身材的岁月。

像贝克尔一样，在墨西哥制片人米格尔·萨比多看来，更值得注意的是这种意想不到的关联背后的心理意义。对玛利亚这个角色有强烈认同感的观众都认同她想要提升社会阶层的愿望，她把缝纫的能力转化成一种女性独立自主的象征，并加以展现。后来的研究表明，这种起到连锁反应的效应，也影响到那些没有看过这部电视剧，但也在从事缝纫工作的人。为了弄清楚这部长篇电视连续剧的情节是如何在不经意间激发观众的戏剧性行为的变化的，萨比多发现他正身处和加州帕洛阿尔托一样的地方。

10年前，斯坦福大学心理学家阿尔伯特·班杜拉指导他的助手把空气吹进可充气的乙烯基玩具中。把这些玩具充满气完全展开后，每个大小都大致相当于一个成年人，形状就像是一个倒置的电灯泡。你在当地的玩具店花上几美元就可以买到这种看起来令人毛骨悚然，还能自动复原的拳击袋。但是班杜拉的实验是用这些玩具来改变我们理解行为的方式以及研究人与人之间是如何相互传染的。来自斯坦福大学幼儿园的72个孩子一个接一个地走进一个到处都是这些充气玩具的游戏室。有一半的孩子会和一名成人同时在游戏室内活动，这名成人在孩子们玩耍的时候用一个玩具木槌敲打充气玩偶的脸部。之后，当孩子们单独待在一起时，孩子们暴露出了他们的攻击性，开始对玩偶拳打脚踢，而且是充满敌意地攻击这些玩偶，这标志着传染行为作用下社会学习理论的第一次正式展现。在此之前，心理学家们都认为行为源自人内心深处，是通过潜意识的需求、驱动和刺激涌现出来的。班杜拉正在进行的关于社会学习的研究表明，人们通过观察他人的行为，并且观察随之而来的回报和结果，就能“自动并无意识地”习得新的行为模式。当索西向我讲述这项研究时，我又想起了加里·斯卢特金的故事以及他关于传染暴力的理论，还有把观察转化为适应，从而产生一种社会传染的一些故事。

班杜拉后来的研究甚至比暴力和敌意更进一步。通过社会学习，人们通过实例开始有意或无意地采用一种文化的复杂能力，比如语言、道德观念、风俗习惯和政治实践。他认为，传播态度、情绪反应和新行为最有效的办法之一，就是通过电视进行象征性的模仿，电视是最重要的载体之一，在快速有效传递信息方面，甚至比现场展示更为重要。

作为电视剧制片人，米格尔·萨比多从班杜拉在斯坦福大学做的理论研究与一种新的媒体项目的实际而有意义的展示相结合的前景中看到了发展机遇。如果电视剧能说服人们从事缝纫工作，那么，电视就有可能成为推动和加强公共健康和教育事务的有力途径。毕竟，几乎每天播放的拉美肥皂剧确实提供了大量的让观众可以接触的信息。

萨比多通过制作电视剧《跟我一起来》（*Ven Conmigo*）来验证他的理论。该剧的收视率比以往任何连续剧都要高出30%以上。然而，观众们有所不知的是，萨比多把电视剧的场景设置在教室里，为的就是能把成人扫盲推广到墨西哥大部分文盲劳动力市场中去。在一项对电视剧产生的影响的后续研究中显示，在1975年和1976年播出期间，墨西哥几乎有100万文盲进入成人识字班学习，是前一年注册人数的9倍。即使电视剧已经不再播出了，在接下来的一年里，注册学习的人数又翻了一番。

1977年，萨比多制作的另一部每集时长半小时的电视剧《与我同行》播出了近200集。观众完全没有意识到，制作人设计这部肥皂剧就是为了解决计划生育问题。该电视剧播出之后，尽管萨比多在潜台词中掩盖了这一信息，但是当时避孕药的销量还是增加了23%。每集都有超过100万的观众收看，而且，虽然不是每一个观众都是因为电视情节才想要节育，但是那些想要节育的观众就更有可能模仿这种行为，即使他们之前从来没有认真考虑过避孕这件事。

自那时起，肖恩·索西和PCI媒体影响公司等此后使用班杜拉–萨比多方法改变了全球人口的行为。尼日利亚的一场音乐视频活动使每个季度寻求避孕的人数增加了5倍。在印度的部分地区，电台系列广播剧《幸福来自小事》（*Tinka Tinka Sukh*）为废除童婚习俗开辟了道路。坦桑尼亚45岁以下的人口中有60%收听的是无线广播，他们收听的广播节目《让我们顺应时代》（*Twende na Wakati*）使为预防艾滋病的传播而发放的避孕套数量增长了150%。

索西本人从早期和加拿大环境与气候变化部以及联合国的合

作中得出这样的结论：如果你真的想要改变世界，你就不要参与政府或者社会项目。你必须要和那些能为自己的生活做出明智选择的普通人打交道。索西告诉我："这是让个体得以思考和改变他们所做的事情的唯一方法，这种方法也让个体为他们的社会福利、心理健康、身体健康以及构成生活的所有属性而拥有所有权。"PCI媒体影响公司以社会变革为目的，已经利用班杜拉-萨比多方法制作了5 000集娱乐教育电视和广播节目，相继在秘鲁、几内亚、墨西哥、乌干达等共计45个国家播出。

"还是没有观众知道你们把教育类暗示线索编进了故事中吗？"

索西说："我们发现，如果你在任何方面都有很明显的教育意义的话，那么你的节目就失败了。"

"对于观众来说，这纯粹是娱乐。"

"没错。要想工作，你必须要让植入剧中的信息保持低调、细致，而且要有一定的策略性。"

这让我又突然陷入了另一种矛盾之中，使我对这种奇特传染的理解变得很混乱。我提起"治疗暴力"模式、加里·斯卢特金的范式，还有他通过让"无形"变得有形可见来改变人们行为的建构模式。我解释道，斯卢特金相信，通过教会人们识别奇特传染中的隐形因素，通过让人们意识到传染本身及其传播模式，就能阻止不良行为的传播，也能阻止导致不良行为的想法和情绪的传播。越多的人知道暴力的传染性，他就能促使越多的人成为暴力阻止者。

西恩 · 索西的理论和斯卢特金的理论完全相反。改变人们的行为需要改变的动因是不可见的。索西的研究依赖于他的能力，他能将这些变革的过程保持在不可见的领域中，并且永远不会被观众有意识地察觉到。这种变革的过程一旦被宣扬出来，你的作品就毁了。他说："我们的电视节目是 100% 的娱乐性，30% 的教育性。""而且这 30% 还是暗含其中，加以隐藏的。"相反，为了大规模地改变人们的行为，索西所需要的就是电视节目的轰动效果。为了让需要传染的行为和想法吸引观众，制片人要非常谨慎地把观众可能提取出来的信息隐藏在一个引人入胜的故事当中，从某种程度上来说，没有人比制片人更聪明了。就像在波音 747 尾部搭载航天飞机一样，这种习得行为会随着剧情的发展而发生变化，从而进入观众的内心，成为他们心灵的闯入者。

索西说："你家里有个蹒跚学步的孩子。"我点点头。"等他开始对你要求他做的事说'不'吧。"我还记得曾经为了让我儿子退烧，给他喝樱桃味药水的事，小家伙努力反抗，结果把退烧药都洒到我的白衬衣上了。我能理解，去鼓励另一个国家改变其根深蒂固的行为，并造福公众卫生健康是一件非常困难的事情，因为这样做违背了已有的文化规范和价值体系。有时候，我在想，把药放进巧克力牛奶里再让孩子喝其实更容易。

他还说："叙述的力量就在于改变"，"故事是一种定义和改变世界的方式，故事可以赋予很多事物意义。同时媒体的美好之处就在于模仿的回报率是不可估量的。你永远无法传达我们需要的为了让世界变得更美好的每一种行为。但是，当你在一个节目中因为人物的眼神和行为爱上他（她）时，你就会把自己当成剧中的这个人，从而模仿他（她），那么一切就发生了变化。”

索西认为，从这时开始，观众就会成为其他人的榜样。一个人无须看电视剧就能采取新的思维方式和行为方式。在某种程度上，通过模仿加以传播可以占据一个社区；在某种程度上，你也会受到模仿的传染；在某种程度上，你也会接受周围都在改变的文化，并且很容易注意到自己已经成为其他人的榜样了。

我又想到戈尔维策的动机实验室，以及他是如何和我讨论隐藏的线索、微妙且有时隐藏很深的启动刺激的，这些都可以在人们不知情的情况下激活和调节人们的行为、想法和情绪。我在想，我现在看到的也是同样的事情吗，仅仅只是范围更大吗？戈尔维策把照片挂在墙上，以激发他的创造力或者是提高他的注意力，在这里，PCI媒体影响公司的制片人把微妙的信息植入故事当中，以促进公众更为广泛的改变。

老实说，这种滑坡效应还是让我很紧张。这种内在的道德模糊感或称之为伦理困境，无论是多么卑微或者真实，都是值得怀疑的。研究人员威廉 · J. 布朗和阿尔温德 · 辛格尔在他们的研究结果中将社会干预视为一系列无法攻破的困境。制片人面临着哪些问题，社会群体需要解决哪些问题，需要忽略哪些问题。社会干预方法在创造价值观的同时也破坏了价值观。任何相信自力更生的人都必须接受这样一个事实，这种信念在人们以更大利益为主导的影响之下就会消失。亲社会媒体，作为“对知识、态度或实践”的特定变化所设计的一种工具，与“应该做什么事情”以达到某一目标这一概念是不可分割的。然而，当文化与道德和伦理价值几乎没有什么一致之处时，破解目标就变得非常困难了。布朗和辛格尔写道：“亲社会内容困境的核心是判断谁做出对谁有利的决定，什么是亲社会的，什么不是。”在最好的情况下，这些操作可以挽救生命。在最坏的情况下，它们会导致可怕的政府职权滥用和并非故意为之的后果。即使是信奉亲社会主旨思想的电视节目，也能在某些人的支持下强化他们不确定的信念。

当社会信仰及行为的正确和谬误之间存在分歧时，电视制片人就会提出，在流行病和传染病的问题上，对话不再属于主观的对或错的范畴。客观上来说，挽救生命就是目标。

虽然我很犹豫要不要接受这个理论，但是我真的与这种说法产生了共鸣。挽救生命是父母责任的政治学，而且从更大程度上来说，任何人都有责任维护不存在标准的标准。这就相当于我悄悄给孩子的饮料里加退烧药。我们这么做是因为我们想要最好的，因为我们知道更糟糕的情况是什么样子。

可能，要确保我所在城镇上的群发性自杀永远消失的办法归结起来就是要利用我们所知道的关于社会传染的知识，并且要利用这些知识为我们造福。在帕洛阿尔托镇，我们可以用掩盖的手段在积极和消极的社会传染中加入一些治愈自杀问题的疗法。

索西认为这是一个非常有趣的想法。但是他评价道："如果把萨比多的方法用在帕洛阿尔托，我不太确定会是什么样。"

我们俩现在坐在东 44 大街一家寿司店的一个小卡座里。这个地方又拥挤又狭小。空气中弥漫着油炸天妇罗的味道。他小心翼翼地用筷子夹起一块粉红色的金枪鱼吃到嘴里。他边吃边说："萨比多的方法确实有效。我们有研究可以证明这一点。""但是我们遇到一个问题，并不是我们引入的每一种行为都能带来传染。"

他的这一说法我并不完全感到惊讶。在动机实验室里，戈尔维策指出，为了激发个体获得某种行为，行为改变已经成为个体的一个组成部分。但是在同等条件下，直到现在我还在怀疑，在一些可能被认为具有相当普遍的特征的问题上，我们都同样容易受到一些常见的刺激的影响。然而，后来我在 1995 年收集的有关全国年龄的数据中发现，恐惧最容易在中年人和 18~24 岁的人群中传播，这表明对于某种社会传染来说，传播是有年龄界限的。我还读到伊莱恩 · 哈特菲尔德的研究，她认为女性比男性更容易受到情绪传染的影响；女性能更加准确地解读他人的面部表情，能更快地与他人建立眼神交流，也能更有效地处理、存储和检索社会刺激。哈特菲尔德的另一项研究表明，除了性别壁垒之外，职业也是限制因素。例如，医生就比海军陆战队队员更容易受到愤怒和悲伤等社会传染的影响。

虽然电视制片人已经把萨比多的方法简化为一个相当精准的方程式，但一些问题仍然很难解决，部分原因是有些问题太大、太艰巨，以至于在一个问题中没有一个特定的行为可以被孤立出来，索西这样解释道。另外，限制因素也会发挥作用，使得治疗行为可能不会像他所希望的那样加以传播。

但是，一旦这些治疗行为真的传播开来，所带来的益处也是巨大的。我和索西吃完饭，喝完一小瓷杯热茶之后，就展开了一场探索性的思考，这是我很擅长的事情。我问他，如果他把班杜拉–萨比多模式带到帕洛阿尔托，那么，一个具有治疗作用的娱乐教育项目看起来可能是什么样呢。

他说，这一过程通常都是从形成性研究和地方联盟建设开始，包括商业、教育、地方政府和医疗保健。索西的制片人吸引了关键的政策制定者，找到参与到这个问题中的非政府组织，深入挖掘关键的促成因素，包括他们可以辨识的所有心理、情绪和行为的社会传染因素。然后，他们把自己的发现汇集起来，交给编剧进行创作。在那里，编剧们在墙上挂起一块丝制降落伞布，用图钉把四个角钉在墙上。然后用记号笔在绿色的便笺纸上开始创作人物形象。再用3M胶把这些便笺纸贴在降落伞布上，组成一个庞大的叙事地图。

这并不是在创作一部浪漫肥皂剧，肥皂剧在美国并不会像在拉丁美洲那样受欢迎，我们要制作一部广播剧，或者，更好的话，会是一部网络连续剧，或者，是一款带有增强了社交功能的视频游戏也很不错。我们俩还假设了团队创建游戏玩法的背景和情节，或许，可以将其设置在一个模拟硅谷创业公司的高压力、高风险的环境中。

索西会在这张巨大的编织网的某处植入一条已经设计好的叙事线索，以逐渐灌输一种行为改变：也许是考虑让自我价值超越普通水平，也许是接受失败也是一种成长，也许是为了寻求帮助，也许是变成一个阻止者。事实上，剧情就像是缠绕在胜家缝纫机线轴上的一根缝纫线。

第二十二章

要找到答案，我们还需走多长的路？

我从来没有见过住在我家对面那栋公寓的邻居。他们都是住在加州以外，大多数时间那些单元都空着没人住。尽管为了后代，他们都留有这些地址，但他们没有足够的钱购买一间公寓。尽管帕洛阿尔托学区最近有学生自杀，但这一学区仍然是全国升学率最高的校区之一。有时候，人们指望着靠房产来欺骗学校，然后让他们的后代享受本地的教育资源。一旦被发现，后果就是孩子会被开除。但这还是值得的，不是吗？为了让孩子进入最好的学校，为人父母的有什么不能做的呢？在某种程度上，我们相信，或是希望，刻意去接受良好教育、和聪明人接触会对我们的孩子产生影响，让他们在美好的生活中获得最好的机会，甚至是千载难逢的机会。

在这一点上，我想起了曾经在美国最具影响力的商业杂志之一《快公司》中读过的一篇专栏文章，讲述的是年仅 19 岁的纪尧姆·杜马闯入大学蹭课的故事。2008 年，他悄悄溜进麦吉尔大学的一个大型演讲厅，在没有报名的情况下上了一节政治科学课。在康科迪亚大学他也以相同的方式上了文学和哲学课。在春季学期结束时，他已经和蒙特利尔大学的学生坐在一起喝酒了。如果有人问他，他会说是在旁听课程，或者是一名人文学院的学生，正在考虑转专业。问题是，大多数时候人们并不会问。他们会觉得他就是本班的学生。一旦他在一个班里上课时间足够长，他也会逐渐融入这些学生的生活中。当他感到厌倦无聊的时候，他就搬到另一座城市去，到另一个他没有听过课的学校去。他去耶鲁大学听课，在课堂上的表现非常突出，尽管花名册上没有他的名字，但他也会在课上发表一些很犀利的评论。他擅自进入布朗大学，和那些科班生展开辩论，这些学生和纪尧姆·杜马不一样，杜马通过自己随意的虚张声势和顽皮的魅力，通过柔性的欺骗艺术来表现自己。加州伯克利分校的一位教授差点还要报道他，说杜马是一位深受艺术、哲学和科学启发的生活达人，他总是能窃取到知识，就像吸走了Wi–Fi（短距离高速无线数据传输技术）连接一样。他从伯克利分校离开后，预算了南下帕洛阿尔托只有一个小时的路程，然后没费什么劲就进入了斯坦福大学。杜马声称，来上这些大学，但不从任何一所大学毕业，这是一项实验，目的是弄清楚大学学位到底能给你的生活带来什么。作为一个愤世嫉俗的人，我觉得这只是个失落的年轻灵魂的故事。

最终，他并没有获得常春藤联盟学校的学位，但这并不是说在受教育的过程中，这位“蹭课大师”没有获取到智慧。除了坐在教室里听课获取知识外，杜马和聪明人的亲密关系也可能让他变得更聪明。

在纽约大学时，彼得·戈尔维策告诉我，在学术界，无论智商、个人能力或者智力缺陷达到怎样的水平，人们还是无意识地传递和获取别人的想法。我们可能会以感染雄心壮志或贪婪的方式获取智慧。尽管过去40年的研究让我们相信这样一种观点，即在小班学习的学生比大班的学生更优秀，但哈佛大学的研究人员还发现，大班的学生能更好地在无意识中发展出有助于学习和记忆的技能。班级越大，学生个体就越有机会听到别人对假设的质疑。也就是说，他们会获得有助于培养更强沟通能力的暗示。班级越大，人们能从其中获得的知识就越多。

我发现约翰·霍普金斯和得克萨斯大学合作学习的研究表明，个体的收获和群体的收获是相互关联的，正如在早期的幼儿教育中合作学习就能促进个体的学习一样。从学校到职场，团队成绩和团队奖励都能激发个人动力。在群体环境中工作学习会影响大脑的突触可塑性。当一个细胞反复地刺激另一个细胞时，这一个或两个细胞都会发生变化。在20世纪60年代早期的一项实验中，研究人员将实验小白鼠投放在有一大群其他老鼠的丰富环境中，让它们有机会进行更为复杂的社交互动。这种集体环境和互动增强了小白鼠的记忆功能。在完成水下迷宫和转轮任务时，这些小白鼠比那些单独生活的小白鼠表现得更好，而且大脑的重量和大小也有所增加。

对于人类来说也一样，群体学习对于适应能力来说也是必不可少的条件。作家詹姆斯·索罗维基在他的著作《群体智慧》(*The Wisdom of Crowds*)一书中强调了从别人的行为中获取暗示的重要性。他写道:“我们不需要在每次行动之前都精心地盘算,而是让别人引导我们就行”,“……就像是‘搭载’别人的智慧一样。”

“从某种意义上讲,模仿是对我们自身认知极限的一种理性回应。每个人都不是全知全能的。有了模仿,当其他人效仿的时候,人们就可以更专业,他们在挖掘信息方面的投入所带来的益处就可以传播得更加广泛。”

然后大脑就变成了对周围的群体环境做出反应的肌群组织。“蹭课大师”杜马让自己置身于一个充满高度智慧的群体当中,迫使他能够头脑清醒,随机应变。在耶鲁大学、布朗大学和斯坦福大学,杜马为了跟上课程就必须思考得更快一些。课堂上教授让他回答问题的可能性越来越大,而且问题是出自他应该了解的话题,他就需要用不同以往的方式来获取信息。他周围的同学都用了较为复杂的语言,他的大脑也以同样的方式做出反应,就像一名游客在外国能毫不费力地学会外语一样。

这样的话,我认为我们身处在这个有一所了不起的学区的小镇也是件好事。只要我们待在帕洛阿尔托镇,我们的孩子就可以获得最好的教育。孩子们沉浸在这个环境中,高智商的学生和老师都将影响他们的思维方式和学习方式。那么,他们就有机会具备良好的职业道德以及健康向上的雄心抱负。

如果离开这个小镇，那我们就是在冒险。当我们顺着这个思路思考下去的时候，当我们发现自己近来做得越来越多的时候，我妻子提醒我说她就没上过名校。她就读于马里兰州一所公立学校，该校排名居中。尽管如此，也许正是因为这一点，她才得以进入塔夫斯大学，后来又就读于哈佛大学商学院。她现在很担心，因为在帕洛阿尔托生活成本太高，而且继续待下去的话成本可能更高。

没人能回避这样一个事实，那就是甘恩中学，以及它所在的小镇，已经成为一个警世寓言。尽管在过去三年里帕洛阿尔托的自杀率已经有所下降，但是人们仍然对这个地区持怀疑态度。自杀事件留下的挥之不去的记忆还在继续突显着原本光鲜夺目的教育体制中最糟糕的部分。因为相信这里的神话，因为无数次重复这种熟悉的不确定性，我们才备受谴责：留在这里，是否会让我们的孩子受到伤害？我们正在受一场与我们无关的事情所产生的余波的影响。我们不认识那 5 位自杀身亡的孩子，但我们在决定是留下还是离开这里时，还是把这些可怕的行为当成证据来参考。

住在我们公寓楼下的萨达尼斯夫妇有时会邀请我们去他们家里吃传统的印度菜。男主人桑吉特是个善良、整洁、体贴周到的人，在相处的几年里我们彼此了解了对方，我也喜欢和他打交道。从他讲述的较为含糊不清的个人经历中我了解到他在印度开过几家公司，但都以失败告终。在硅谷，作为一名顾问，他的运气好多了。7个月后，他和妻子卜娜姆的代孕母亲将为他们生下一个儿子。谈到他们这个新的三口之家的未来，他们告诉我们，他们打算就住在这套公寓里，尽管他们在隔壁的小镇上有一栋大房子，他把房子出租给了惠普公司的一位副总裁。他们继续住在这套小公寓里，为的就是将来可以让孩子进入帕洛阿尔托的学校，让孩子接受帕洛阿尔托的高水平教育。

一天晚上，在他们家吃完饭后，我们到客厅边吃苹果片边聊天，桑吉特·萨达尼斯说："我们可以搬过去住进那栋大房子，但还是这里的学校最好。"我问他，他们是否真的关心这里的教育体系正在给孩子们传递的那种智慧，那种把重心放在成为优秀的人上的智慧。他坚决地说："谁是这个体系？是什么体系？就是我们。""我们把孩子推得太远。我们太注重超越别人，认为超越别人才是通往成功的最佳途径。"的确，我们每个人都希望自己的孩子取得成功。我们每个人都相信自己能够而且应该尝试着努力为自己的孩子精心设计未来。一旦孩子们取得了成就，我们就会感觉更好。我们总是希望他们志存高远。但是萨达尼斯认为如果我们只是以孩子们的等级、成就、测验成绩以及能力来衡量他们的话，那么只会发生很糟糕的事情。

他说，真正的问题在我们家长身上，是我们，是闯入者。

在某种程度上，我们都成了这个地方的一部分，仅仅因为我们就待在这里，便为社会和行为传染做出了贡献。我们捕捉并成为标准的载体，融入文化当中，并保持思想和行为的延续性，我也不例外。到现在，我和家人在硅谷已经住了 4 年多了。我一直在寻求写出更好的作品，也在追求可以激励他人的生活方式，通过聚焦创新和大思想家如何通过激进的方式解决巨大的难题而获得启发。还有就是我的妻子，她是一家公司的主管，该公司因主要从常春藤联盟大学招聘毕业生而著称。简单地说，她在人力资源部的工作就是大量吸纳这个地区拥有高学历和进取心的人。我们深信这个小镇的神话。我们都为硅谷不可思议的高标准做出了贡献。我们身处这样的人群当中，他们认为梦想是很容易实现的，梦想是可以实现的，也是我们所期待的。

就奇特传染而言，这场具有传染性的思想、行为和情绪的完美风暴也是我们共同创造和培育出来的。我们共同促成了这种反安慰剂效应，即让人觉得被传染或生病的效应。我们对几年前发生在这里的死亡事件的过度反应，已经使得我们在促成瘾症和推动非理性恐惧的社会传染中受到了惩罚，这种恐惧是某种不可改变的影响的阴霾，很可能导致我们的孩子走上危险的道路。我们和所有人一样，都对营造出那种只重视成就的环境负有责任，都对 5 个孩子卧轨自杀负有责任，正如我们都对保护镇上的孩子们负有责任一样。我们用反向的立场污染了整个环境，即使我们满怀希望展望未来，相信我们会取得更大的成就，做得更好，升职加薪，创作出更伟大的作品，也始终有一种无可置疑的绝望感存在。

如果人们通过相互亲近就能获取知识，在我看来，也许我们有机会重新定义智慧，重新定义我们的孩子通过相互亲近能学到什么。我们可以为促进心理弹性的新行为增加启动刺激。当我们挣扎着想要摆脱因精神健康带来的耻辱感时，可以引入知识来寻求帮助。我们可以重新定义成功的信仰体系，这种体系不仅仅关乎适当的分数、最高的荣誉和最耀眼的奖项。我们可以插入亲社会的故事情节，可以插入一些人的例子，这些人能对失败做出恰当的反应，遇到困难仍然能坚持下去并生活得很好。

萨达尼斯吃完手中的苹果片，倚在沙发上。他边笑边说："我创办失败的创业公司都数不清了。""这就是我热爱这个国家的原因。在这里，失败了还会有第二次机会。"他认为，就像硅谷的座右铭一样，生活中总有时间去纠正和迭代，直到我们把事情做对为止。但是，并不是所有人都会有第二次机会。那 5 个孩子就已经永远地离开了。他们的家庭受到了无可挽回的伤害。他们所在的社区也因为这些不可挽回的损失而永远地改变了。

当时我儿子在托儿所面对疱疹病毒时，我们估算着他感染病毒的概率，还思考着让他离开托儿所的意义，我们也痛苦地意识到这种困境带给我们的困惑无论在哪方面都是无解的。在带他离开这个托儿所之前，我们的内心经历了无休止的争论，我和妻子的每一次争论都是一次晨间序曲，而每一次争论又都是我们前一晚花很多时间猜测的一些事项，直到每一个结论都被我们推翻十几次。

但是这个情况是不一样的。虽然可能性很小，但是风险却要高得多。留在这里，我们就有机会对文化、学校和社区做出改变。就像杜马一样，我们也能深入教育体系中。像肖恩·索西一样，我们会引入其他人可能因为相互接近而传染的行为。像彼得·戈尔维策一样，我们会利用启动刺激来激发那些对心理健康有帮助的行为。像加里·斯卢特金一样，我们将教会人们成为阻止者，不断强化相关知识，直到它变成深深扎根于机体的记忆。我相信，我们会这么做，即使我们一次只能接触一个人。

在我和桑吉特·萨达尼斯共进晚餐几天后，我收到了老朋友，经济学教师罗尼·哈比卜发来的短信。那天晚上，我女儿醒得比往常早一些，躺在婴儿床里哭了起来。我穿着运动短裤和袜子抱着她在走廊里踱来踱去，她趴在我的肩膀上又睡着了，她的脸颊贴在我裸露的肩膀上，她头上还散发着婴儿洗发水的味道。

为了不吵醒她，我小心翼翼地拿起电话，把手机屏向我这边倾斜着看短信。

上面写着："又一个。"

自从我和萨达尼斯交谈后，我一直怀有的希望之光立刻就暗淡下来了。那些熟悉的问题又立刻跃上心头，还伴随着一种熟悉的无法理解的感受。要找到答案，我们还有很长的路要走，而我们所发现的还远远不够。会一直这样吗？

第七部分

与社会传染对话

我不是你们看到和听到的那样。

——戴维·福斯特·华莱士

第二十三章

硅谷有培育奇特传染的沃土

在火车上能看到大多数人平常看不到的东西，比如城市边缘的森林地带，比如隐匿在高速公路两旁的青翠树丛。从美学角度来讲，加州铁路集工业性和功能性于一体：列车上并没有什么奢华之处，内部陈设用的是斑驳杂色的布料，人造皮革包着的双人座位，以及为乘客提供的光线昏暗的客厢顶灯。

然而，作为相互连接的一种隐喻，真的再没有比火车更合适的了。车头连着车厢。乘坐火车的通勤者都是固定的，即使他们总是独处，并保持沉默。这趟火车的构造将新技术和世界上最古老的运输方式融合在一起。从功能上看，它很好地将驶离和到达相互结合。

当然，作为相互分离的一种隐喻，加州铁路的火车也做到了。其构造也给人们留有各自的空间。不管是车厢里的座位与座位之间，还是前后排之间，或是上下铺位之间，甚至是车厢与车厢之间都保持着明显的间距。靠着一条清晰的地平线，火车将陆地和天空分割开来。

2014年10月下旬的一天，夜幕降临的时候，刚从甘恩中学毕业不久的19岁男孩坎·根斯踏上火车轨道，最终卧轨自杀。这个独一无二的时刻连接了事件发生前后的每一个时间点，尽管这一时刻又和时间概念截然不同。事件发生后，清理轨道时火车稍事停留，很快就重新运行起来了。

收到罗尼·哈比卜发来的令人悲伤的关于甘恩中学第六个学生卧轨自杀的短信之后的几个星期，他一大早又给我转发了一封学校负责人给全校教师发送的邮件：当局在铁轨上发现了第七具甘恩中学学生的尸体，是一名叫卡梅伦·李的男生。而且，4周后，当地报纸上出现了一则关于甘恩中学学生哈里·汉–尼·李的讣告，他和卡梅伦·李除了同属一个城镇和学校之外再没有任何关系，他是跳楼身亡的。

第八起自杀事件在小镇上让广大居民感到悲伤和震惊。这里的社区都不大，此时社区寂静的房屋里都充斥着痛苦和心痛，但是也有前所未有的愤怒在那里肆虐。在哗然的公众舆论中，在网络上的专栏文章和帖子里，还有在社区论坛上，到处都在披露这一惊人的事件，家长对教师们大吵大闹，校方努力转移矛盾，学生们也感到他们必须站出来维护学校，以抵御批评的冲击。但是最主要的还是悲伤，一种破碎的、浑浑噩噩的悲伤。

而且，我们都知道，这种悲伤的感觉不同于我们之前感受过的那种。在任何地方经历过一场群发性自杀之后的几个月里，该地都会处于一种危险的状态，效仿事件发生的风险高于平均水平。2010 年 1 月布莱恩 · 本尼恩 · 泰勒去世后，一切很快就平息下来了，我们抱有很大希望认为这种平静可能会持续下去，而且当这种平静确实持续下去的时候，我们渐渐相信这种群发性自杀事件就此结束了。而现在，在 2014 年冬天，有了这种事后诸葛亮的觉悟，我们现在才知道我们可能是对的。流行病学家和心理学家并没有明确的衡量标准来确定一起群发性事件的结束，也不能在并不精准的快速发展的时间范围和区域内定义出多重自杀行为之外的情况本身。两次群发性自杀事件相隔如此之久，我们开始把这些自杀的实例视为非常独特罕见的小规模事件。集中发作的频率使得我们有余地运用经验来想问题，而这些经验永远也不会有逻辑性的叠加。在这种情况下，我认为时间才是我们拥有的最佳定义。

我们今天所经历的与其说是一种再现，还不如说是第二次群发性事件的表现。这一次悲伤的感觉更为深刻，因为我们现在有证据表明这个地方、这个社区、这个城镇确实有一些特别的东西，在这里培育奇特的传染。我们都被已有的知识和命中注定的无知击垮了。

在哈里 · 李去世之后，悲痛咨询服务和斯坦福大学的精神病学家出入甘恩中学的频率和他们在第一次群发性自杀事件高峰时一样高。危机应对小组到本地区的各个学校进行部署。市长发表了一份声明，承诺将投入更多资源，支持更多有关心理健康的公开对话，并延长铁道警卫在各个交叉道口巡逻的时间。在公众论坛上，心理学家们讨论了消除精神健康问题的必要性，要建立新的心理健康设施，使学校和社区的孩子更容易获取资源，并扩大这些资源的范围以接收更多的孩子。

罗尼·哈比卜告诉我，他担心这次又会重蹈2009年和2010年的覆辙。环视小镇，感觉和4年前一样，人们的内心充斥着脆弱的情感，流血不止，内心的恐惧也很强烈。存在的风险依然不变，但是形势已经发生了变化。我们已经做了一切恰当的措施来解决问题，还采取了安全措施，并考虑到了社会传染在我们生活中的重要性，同时，在我们当中还指定了阻止者，也考虑了各种刺激因素。但事实证明，这些措施还不足以解决我们这种特殊的社会传染。或者只是我们还没有发现这个奇特传染的所有方面。

所以，我们得出了新的结论：关于这两次群发性自杀事件的主导理论之一是，这些死亡事件和学校里没有公开承认的抑郁、焦虑和压力的问题密切相关。这种可能性所显示的绝对规模是非常巨大的。我给亚当·格兰特发了邮件。我想知道他以前是否在组织心理学中遇到过这种范围内的情绪传染，而且，最重要的是，我们是否能以某种方式利用这方面的知识呢。

不到一个小时格兰特就给我回复了邮件。他告诉我，我需要了解某个人的研究。

第二十四章

正向传染点燃希望

在西加尔·巴萨德职业生涯的早期，这位管理学教授在为一家创新照片处理技术创业公司工作，这家初创公司因为一个与人相处不愉快的同事而负累。当这位同事出差时，巴萨德在办公室会感到明显的不同。她和其他同事比平时更开心，更爱闲聊几句，相互之间也更随和。然而，当这位让人讨厌的同事出差回来之后，办公室的气氛又变得紧张压抑。后来，在研究生院，巴萨德将这一偶然观察所发现的现象发展成一种群体情绪传染的理论，在这一理论中，还包括他们坚持的方式，以及这种效应在情感组织文化的世界里到底意味着什么。后来，她继续这项研究，部分是研究员工相互之间表现出来的关怀、同情和亲切的程度，这种效应被称为“同伴之爱”。

在 7 年的研究里，一家长期从事医疗保健的机构成了巴萨德和她的同事们的第二个家，在这家机构里，他们描绘了 13 个治疗部门的 200 名员工的情感文化的新想法。巴萨德通过对面部表情、肢体语言和嗓音音调的监测，测量出团队内部员工彼此之间表达同伴之爱的频率，还衡量了工作群体中积极情绪和消极情绪的正向流动和反向流动。通过无意识地模仿面部表情、声调和肢体语言，该机构的社会工作者、心理学家、护士，甚至是后勤工作人员都感受到了同伴之爱。随着合作的加强，这种同伴之爱的传播直接使得员工旷工现象、员工之间的冲突和职业倦怠感有所下降。

尤其值得注意的是，巴萨德观察到积极的文化涟漪在向外扩散，还影响到了该健康中心的病人。这种关联和员工之间的同伴之爱得分较高的部门完全吻合。反过来，这些部门入住的病人拥有更高的生活质量，能体察到更积极的情绪，从而也减少了不必要的急诊转移数量。同伴之爱得分较高的护理团队看护的病人更有可能发现，他们自己也正在经历护理者的情绪状态。

巴萨德继续在生物制药公司、科技公司、金融服务部门、高等教育机构、房地产公司、旅游公司和公共设施工厂工作的员工中间跟踪同伴之爱这一文化现象。无论环境或人口规模有什么样的差异，结果都是一致的。

我继续进行研究，并发现，同伴之爱表现出的良好的影响力会影响到集体的能量，并为公司营造出竞争优势，但反之亦然，负面情绪也会渗透到群体文化当中。

巴萨德发现，在大多数情况下，无论是积极情绪还是消极情绪，我们根本就没法知道我们是不是已经被传染了。在一项实验中，巴萨德将学生分成小组，为每个小组布置了在理论上给员工分配奖金的任务。她很隐秘地给每个小组安插了一个“合谋者”，这个合谋者要表现出预先设定好的情绪。当这个合谋者表现得充满热情时，他“通常会微笑，专注地看着人们的眼睛，而且说话很快”。但是当这个合谋者假装很沮丧的话，他“说话就会很慢，避免和他人有眼神的交流，而且会很懒散地坐在自己的座位上”。从实验之前和之后的基准情绪衡量得出的结论是，学生们感受到了这位安插在小组中的合谋者的积极情绪或消极情绪，但是他们都把这些情绪归因于他们自己完成任务的过程，却不知道实际上影响他们的另有其人。在现实生活中人们感染这种社会传染的方法——行为模仿、面部猜测、声音线索或者语言触发的混合，会导致相互关联的记忆网络被触发，以激发和说服那些被“传染”的人相信这些情绪是他们自己的，而实际上，这些情绪都是他们从周围的人身上感染而来的。

而且仅仅因为将一种情绪传染给别人只需要直接的视觉接触，所以任何非常同情他人的人就很容易受到间接的传染。除了在想象之中，我们可以接触到我们既没有见过也没有直接交流过的人。当人们仔细体会的时候，他们本质上也是在继续感染他们自身。

早在 1962 年，美国国防高级研究计划局（DARPA）的研究人员 J. C. R. 立克里德就首次设想将计算机连接起来。他对计算机科学的贡献至今依然被人们铭记，但是，首先也是最重要的，他是一位心理学家。他的主要想法是创建一个他所谓的巨型网络，这个网络通过一组连接处理器来发送和检索数据。3 年后，斯坦福研究所成为其中一家最早连接阿帕网（ARPANET）早期主机的研究所，军用网络阿帕网是如今互联网的前身。1965 年，斯坦福研究所收到了第一条主机对主机的信息。不久之后，阿帕网就连接到了加州大学洛杉矶分校、加州大学圣巴巴拉分校和犹他大学的计算机上。如今，全球互联网连接了超过 30 亿的人口，并连接了 200 万太字节的数据。

而且，40 年后，我们发现互联网也能传递情绪。

在距离世界上第一个互联网节点 5 英里的地方，脸书运用复杂的语言学软件来分析文本。在这个项目中，会把像自豪这样的词归类为一种积极情绪，而像愤怒这样的词就被归类到消极情绪中。然后，脸书使用了通过社交媒体将帖子推送至用户个人的新闻消息的演算法。当脸书减少用户新闻订阅中积极表情的数量时，用户自己就会发送更多的负面帖子；而当脸书公司调整为只推送积极表情时，用户就会发送更多的积极帖子。

2009 年，我在《美国国家科学院院刊》上看到一项研究，该研究预测，脸书的研究结果为通过社交网络大规模情绪传染提供了证据。虽然像西加尔·巴萨德这样的研究人员一直强调直接接触对传播的重要性，但是脸书能够提供实验数据来表明实际的空间距离已经不再是社会传染的瓶颈。在脸书公布其研究结果之后没多久，印第安纳大学就在推特上进行了一项衡量情绪传染的后续实验。推特用户依据他们之前与其他正面或负面推文的联系的多少来推送积极或消极的信息。接触大约 4% 的更为积极或消极的内容就会以这样或那样的方式影响量表。

我读的研究报告越多，就越能充分理解这一发现的广泛含义。它们远远超出了我们自己微不足道的网络生活的影响。在政治或公众利益方面，没有任何问题能从那些通过用网络上的文字和图片煽动情绪的精明操作者手上逃脱，他们的目的就是将同情和愤怒化作一种手段，以促使其他人行动起来。国防部对这种网络情绪的传染性非常感兴趣，因此致力于一个耗费大量时间和资源的叫作密涅瓦研究方案的项目，这是由五角大楼牵头发起的一种尝试，旨在模拟社会动荡，学习如何以社交媒体为渠道通过情绪控制、促进和对抗社会传染。

自杀预防专家担心，公开悼念死者会美化自杀。他们担心，守夜会让情绪脆弱的人们效仿这些自我毁灭的行为。事实上，发出警报的帕洛阿尔托居民们根本就没有机会阻止孩子们为他们的朋友集会悼念：21 世纪的新闻都是在他们无法触及的网络层面传播的。在 Instagram（照片墙）、推特、YouTube（最大的视频网站）和脸书都很完善的美国，如果有人正在使用社交媒体，那用户一定是这些孩子。加州大学洛杉矶分校的研究人员强调，由于孩子们越来越多地使用数字媒体，因此他们在现实生活中与人面对面交流的能力有所下降，然而，同样是这些孩子，比起在有血有肉、可以互相接触的现实世界中，他们感觉在那种不为人知的空洞虚拟世界中分享个人感受会更舒服自在。帕洛阿尔托目前的八起自杀事件在网络上引发了巨大的反响。从某种程度上说，宾夕法尼亚大学的安嫩伯格公共政策学院会左右人们如何评述自杀，但在社交媒体上就没有这样的监管。在这里，学生之间见面的地方就是网络平台，这个平台实际上就相当于一个城镇的广场。在网络平台上，关于他们的朋友的情绪动机问题和漫无边际的猜想都引发了激烈的讨论。对于与我交谈过的学生来说，他们并不觉得参与其中是件坏事。事实上，他们还感觉不错。

我从疾病控制和预防中心获得了一些发现。在 2012 年，疾控中心证实了诸如此类的在线论坛可能会带来的危险，在这些论坛里，良好的情绪最终也会在无意识中蒙上一层阴影。到目前为止，我已经预料到这种感染性影响的来源不会像文字或图片本身那么明显。人的思维用来转化图片和文字，用来理解语气和区分含义。我在反思我们是怎样如此有默契地在网络上传播情绪的，既没有负罪感，又没有意识到一个评论、一次转发、一张上传的照片以及 140 个字的想法，会在不知不觉中对他人产生影响。为了表达支持和团结，我们通过给朋友的帖子点赞要传播的是什么呢？从什么时候开始表情符号不仅仅是一种简短的情绪表达，而且是一种携带致命的奇特传染活性成分的载体了呢？

随着发现社交媒体作为一种情感传播的媒介所带有的危险性，我也就此看到了希望。在某种程度上，人与人之间相互接触的社交工具变成了一种可以传输可行性情感治疗的载体，而不仅仅是奇特传染的喉舌。我们也可以把社交媒体的无限延伸性变成我们需要的一帖良药。

我认为这是一种有益的情感流动，也是一种和同伴之爱一样强大的力量对网民产生的影响。我想知道的是，一连串的同情和支持能否帮助人们摆脱有问题的情绪流动。我们是否还可以运用加里 · 斯卢特金的治疗模式，是否要从随机在线的网民中培养阻止者和回应者呢？我很好奇在网络上激起的最强烈的情绪是什么样子的，是否就像是瓦伊尔 · 高尼姆传播勇气和愤怒的方式那样，激励人们将自己的警惕转化成一种对付腐朽堕落的解药。作为一种相互之间高度连接的思维网络，情绪感染是没有什么界限可言的，任何人都可以触及。

第二十五章

压力的出口——快乐幸福的社会传染

我站在书桌前，手指交叉放在脑后。我已经打印了西加尔·巴萨德的研究报告，还有脸书的研究结果、国防部的研究报告，以及马克斯·普朗克人类认知和脑科学研究所的研究人员的报告。我把所有打印出来的材料都摆放在面前。现在是正午时分，我一直盯着这些打印在纸张上的案例，看了很长时间，重新读了这些研究中强调的部分，在脑海中把所有的研究结论都整合在一起，并思考着根据过去的几个星期在帕洛阿尔托发生的一切，我们该何去何从呢？

中午1点15分，我把这些打印材料分类装进我自己设计的绿色卡纸文件盒里。盖好文件盒后，就和其他已经整理好的一样，都放到书房墙边的书架上。绿色纸盒里的每个文件盒都代表两场奇特传染事件的不同要素。有些盒子装的是能表明癔症、职业道德、贪婪和不受控制的情绪正在蔓延。有些装的是关于传播媒介的信息的，比如镜像模仿、魅力型领导，还有像经济学、英雄人物和榜样等刺激因素。还有一些盒子里装的是有关治疗方法的，从提高意识到亲社会的建议，再到阻止者的工作。

总的来说，当我把这些材料都放进文件盒里时，我很震惊第一次和第二次奇特传染事件的材料看起来是如此整洁。最新的事态发展提醒我，这种现象实际上是有多么难以处理，其丑陋本质就是不断的变化。每一个为这场风暴增添力量的新元素都使得对它进行分类越来越难。我曾经认为，只要提出一个定义，不管怎样都会使我们更加容易找到解决方案，但是这个定义又很难界定。我就站在这里，看着这一盒盒的难题，想的都是已经死去的8名年轻学生。

我必须要知道的是到底是什么让帕洛阿尔托如此擅长于制造奇特传染事件。人们从一开始就指出了显而易见的原因，很多人认为这个原因是这里最无可争议的事实。压力是我们生活中对于苛刻环境做出的一种生理反应，也是一个至关重要的因素。如果这确实是真的，到底是帕洛阿尔托的什么使得压力变得如此危险？

为了验证这一理论的正确性，我又驾车沿着埃尔克米诺大道北上，去往门洛帕克（美国加利福尼亚州圣马特奥县东南部城市）。我途经帕洛阿尔托高中，这所学校有着西班牙教会风格的建筑群，周围环绕着橡树，也是甘恩中学的竞争对手。棕榈树轮廓上方的斯坦福大学胡佛塔上的圆顶也从我的左边掠过。这里还有一家高端购物中心，有转向沙丘路（硅谷的一条公路，以风险投资公司聚集而闻名）一眨眼就会错过的岔道，以及特斯拉的首个产品展厅。我把车开到一家位于加州火车轨道仅有几步之遥的小餐馆旁边停好。作家朱莉·利思科特–海姆斯身穿浅色T恤和牛仔裤，头发卷曲得厉害，仿佛每一缕头发都包裹着一枚看不见的硬币似的。当我们坐着等上餐时，她告诉我一些关于她的两个孩子的情况——他们都是甘恩中学的学生，以及他们在学校体系中的经历，还有他们所具有的极其坚定的年轻一代的繁复和耀眼的美德及其表现。

利思科特–海姆斯作为一位母亲和斯坦福大学大一新生院长已经有10年了，她亲眼见证了帕洛阿尔托年青一代所受的压力的影响。从那之后，她就开始倡导父母应结束对孩子高度精心的养育，这种精心养育迫使孩子不断努力以进入少数的大学并成为精英，而她认为这是将压力传递给孩子的直接途径。然而，她说，过度养育只是这个小镇压力泛滥的众多来源之一。她还告诉我："经过这么长时间，你不得不退后一步，看看所有这些给学生施加压力的人和机构。"例如，教育系统不断投资以继续确保其在本州甚至是全国的最高地位。这是一种强制性培养雄心勃勃的人的文化，他们已经掌握了延迟满足的艺术，愿意为未来的潜在财富投入每周80小时的工作当中去。她说，坐上飞往硅谷的飞机，你就会发现自己置身于这样一群人当中，他们怀有过高的期望，他们为他人和自己都设置了高得离谱的门槛。忽然之间，你就成了一个以制定高得离谱的标准而自豪的群体中的一员，生活在苹果公司副总裁巴德·特里布尔提出的著名的"现实扭曲力场"所描述的那种状态下，这是一种对可能发生的事情的有意识的扭曲。正是这种专注于扭曲一个人对困难的比例和规模的感觉，才促成了人们难以置信的创新和成就，同时也给他们带来了极大的压力。

利思科特–海姆斯说，我们看到现实扭曲力场是关于学校和一些家长对学生要求过高的老生常谈。这种现实扭曲力场也是年轻人对自己有过高要求的方式，他们积极努力，让大学招生人员在成堆的大学先修课程成绩单中对他们留有深刻印象，能够进入合适的班级，取得最高分，能够角逐最高的荣誉，赢得最耀眼的奖项，能够参加足够的运动和活动，加入最好的俱乐部，也能够成为社区服务项目中的志愿者。“这种压力的始作俑者已经让年轻人都相信，除非他们达到高得离谱的成功标准，否则他们就真的没有什么未来可言了。”

当她说到这些的时候，我回想起了在纽约时彼得 · 戈尔维策告诉我的一些看法。他说，个人抱负在很大程度上取决于社区的标准，以及我们如何看待自己与这些标准的匹配程度。动机就变成了一场拉锯战，一方需要掌控成就，另一方则害怕失败。利思科特–海姆斯告诉我，现在对于孩子们来说，常见的压力是要求他们达到一个很高而且任意的标准，这在全国特权社区已经成为一种既存现状，是一种西方理想的社会传染，是一种美国梦的退化，或许仅仅是一种对如病毒般扩散开来的标准的歪曲解释。不难想象，一所学校里的学生都陷入了这种疯狂的、渴望成就的状态中，他们认为这种过高的标准完全合情合理，因为他们就是在这种社会价值观的熏陶下出生和成长起来的。在任何关系到自我价值实现的努力中，绝不要错误地判断一个人为了获得成功而付出的努力。在这种环境中，那些发现自己害怕失败或很少获得成就的人就会屈服。而且，一个以灌输、审视、加压、理想化并凌驾在拥有刻苦勤勉这种罕见的精神财富的孩子们之上而自豪的社区，将不可避免地使一些孩子获得很好的发展，却使得另一些孩子在不经意间被摧毁。

与此同时，美国人的压力比以往任何时候都要大，我读到的一项研究表明，在过去的 30 年里，美国人的压力增加了 1 000% 之多。纽约大学研究人员诺埃列 · 伦纳德写道："当学生们试图进入美国一些最具竞争力的大学时，压力就会使学生感到倦怠，年轻学子们就会陷入学校、作业、课外活动、睡觉的重复循环状态中。""学生们甚至可能在上大学之前，在这些精挑细选、压力巨大的高中就已经变得筋疲力尽了。"在斯坦福大学，利思科特–海姆斯就见过这种情况，主要表现为学生中间出现有害的紊乱疾病、综合能力下降，还有精神不振等现象。感染这种与压力相关的倦怠感并不比观察、体验和感受其他人的症状更为复杂。90% 有倦怠感的人作为群体的成员会让群体中至少 50% 的同伴也受到倦怠感的折磨。

"但为什么是帕洛阿尔托？有很多地方压力比这里更大。"

"没错，"她说，"为什么是帕洛阿尔托？"当我抬眼望着她的时候，她的表情严肃而悲伤。环顾四周，她提议道。考虑一下仅仅施加一点点压力会导致什么后果。不仅是科技的进步、伟大的教育体系、经济的繁荣，还有所有这些背后的东西，这个城镇的弱点。就拿我在家里收集在绿色文件盒里的材料来说，然后再加上这一点：如果压力是各种压迫感所产生的一种生物反应，那么它也有可能是情绪泛滥的一个途径。

压力可能是有问题的，但不会像它所造成的情绪那样有问题。压力会让人体验到失败、自卑、羞辱、沮丧、悲伤、痛苦，甚至是羞耻的感觉，这些情绪不仅具有高度的传染性，而且会像西加尔 · 巴萨德指出的那样，会在封闭的环境，甚至是一所中学中蔓延。

那些轻易不会受到压力影响的人仍然很容易受到压力在别人身上产生的情绪的影响。而且现在，他们就是在帕洛阿尔托本地感染并传播了问题情绪的瘟疫。

利思科特–海姆斯作为一位母亲，也作为一名思想倡导者，始终保持着自己对这个城镇的信念。她告诉我，她爱着这个城镇，还会继续为之努力，因为她并没有放弃这样一种想法，那就是总有一种办法可以减轻这种痛苦，会有一条出路可以使事情变得更好更合理。关于这一点，她非常确定。人们都说，甘恩中学需要摆脱现有的班级排名和分数评定，而这却是大学用来录取学生的最重要的两个标准，也是导致学生有压力的最大因素。种种迹象都表明，家长、教育工作者和学生都一样越来越愿意承认压力的问题，以及他们自身所产生的负面传染性情绪的风暴。

当第二场群发性自杀事件发生时，为了终结班级和分数排名的影响，地区教育主管部门批准了一项新的政策来叫停学校布置大量作业的做法。甘恩中学的学生和辅导员一起填写了时间安排表来规划他们的学习安排，并留下大块的时间以保证学生的睡眠。该地区还加快了甘恩中学学生健康中心的建设，该中心为学生的身体、情绪、社交、心理和精神健康等方面提供全面服务。基于这些措施，她想告诉我的是这里的情况正在好转。然而，她真正能说的却是，从各个方面来考虑，她自己的孩子似乎做得很好。他们在学校很受欢迎，也有很多朋友。其中一个孩子将于明年从甘恩中学毕业。

她又问及我的一双儿女的事情。我把椅子朝她那边移了移，拿出手机互相比较着孩子们的照片。随着手指在手机屏幕上轻轻滑过，照片也一张张滑过。当我们浏览着孩子从小到大的照片时，我又想起几年前我还在儿子的房间里努力地为他安装婴儿床，也就是那会儿，最初的奇特传染刚刚开始有所显现。我还记得作为一个准爸爸，我对自己的能力缺乏信心，这也是为什么我报名参加了那个育儿培训班。我知道该怎么养育、关爱我的儿子吗，知道如何避免利思科特–海姆斯正在谈及的这些错误，这些是给我们的孩子施加太多压力的错误吗？

现在我就在硅谷这个地方，已经过去 5 年了，我发现自己正在不断地尝试着组织和定义这个奇特的世界，好像打算给这种可怕的现象取名字会反过来引导我成为一个更好的父亲一样，比我在育儿课上学的东西多得多。相反，我认为我想用可以保护儿子的方法来将他与世界隔绝，以确定并保护他免于猖獗的社会传染压力下所看到的危险。但是，特别是情绪，这是不可能避免传染的。光是这一事实就足以抑制我对两个孩子过度养育的本能，并用更具有建设性的想法来取代这些本能。

事实上最最重要的就是，我只想让他们快乐幸福地成长，不管这种快乐和幸福以何种形式体现。

在某种程度上，我觉得，快乐幸福可以取代任何衡量成功的标准，也可以取代我们对孩子所抱有的太高的期许。而且，在帕洛阿尔托，快乐幸福可能是让一切重新变得更好的一帖良药。这让我突然想到，西加尔 · 巴萨德在医院上下都实施了同伴之爱，并记录其产生的影响，还注意到关爱、同情、亲切所累积的作用不仅改变了参与者的生活，甚至挽救了一些人的生命，或许帕洛阿尔托也能采用类似的策略。如果五角大楼可以通过键盘、文字和潜台词操纵社会运动和政治纷争，我就会相信，我们能够对抗疏离感、孤独、遗憾、绝望、麻木、拒绝和痛苦。所有关于情绪传染力方面的实验都得出这样的结论，那就是像快乐这样的积极情绪会迅速传播。南加州大学维比特工程学院在推特研究中认为，不管个人的敏感度如何，那些不太容易受到情绪感染的人，受积极推文影响的可能性大概是受消极推文影响的两倍左右。更令人觉得有希望的是，快乐幸福的社会传染不仅阻止了沮丧的传染，还帮助人们从抑郁沮丧中恢复过来。

在整个城市范围内，如何有目的地发起一连串同伴之爱和快乐幸福的社会传染呢？即使我接近了一个我相信可能成功完成这一创举的关键人物，我也不得不怀疑快乐幸福是否足以抵得上其他的一切。

第二十六章

用幸福疗愈负面传染

每年，甘恩中学戏剧部都会轮流演出莎士比亚戏剧和音乐剧。今年将要出演的是《麦克白》，这部残忍、血腥的戏剧讲述的是一个关于野心和死亡的恐怖故事。该部门主任詹姆斯·谢尔比已经为本季演出定了比较低的票价。当我们一起交谈时，谢尔比向我讲述了他对科尔·波特的音乐的喜爱之情：欢快的曲调《没什么比旅行/一帆风顺更好的治愈方法》，热情洋溢的《我想扬帆远航》，还有热烈的乐曲《小可爱》。考虑到去年秋天和初冬发生的种种事件，谢尔比认为，令人愉快的歌剧《往事成空》（*Anything Goes*）对于一个重新陷入绝望的社区来说再合适不过了。我也觉得——我们大家都这样认为，重重压力，需要减压，要把整个社区团结起来。

2015年冬天，学生们连续9周都在放学后进行歌剧排练。学生们紧锣密鼓地排练，不断完善他们的表演。随着首次公演的临近，谢尔比更加清楚地意识到，这部歌剧承载着某种崇高的东西。在开始为期一周的演出之前，学校的露天剧场就售出了每一场演出的门票，使得演出成为谢尔比在甘恩中学 30 年来最期待的一出音乐剧。

“像这样的事情对你来说意味着什么？”

他说：“这让我觉得社区真的需要一些感觉不错的东西”，“在我们经历了一切之后，传播一点快乐又有什么错呢？”

戏剧部排练期间，联合国秘书长潘基文列出一份世界上最快乐的音乐列表。这份歌单包括路德·范德鲁斯的《如果世界是我的》(*If This World Were Mine*)，史蒂维·旺德的《签名、封印、交付我是你的》(*Signed,Sealed,Delivered I'm Yours*)，普林斯的《吻》(*Kiss*)，Fun乐队的《花样年华的我们》(*We Are Young*)，詹姆斯·巴斯克特的《南方之歌》(*Zip-a-Dee-Doo-Dah*)，詹姆斯·布朗的《我感觉好极了》(*I Feel Good*)，以及由巴勃罗·卡萨尔斯指挥的巴赫第一组曲的序曲。世界上有许多收录最快乐歌曲的官方音乐列表，但是由潘基文列出的这一份发起了一场名为“快乐之声”的国际运动，并成为“国际幸福日”的背景音乐。

受潘基文的启发，我也决定在脸书上的朋友中发起一次民意测验，看他们觉得最快乐的音乐是什么。我收到了来自全国各地的回应。有阿兹台克照相机乐队的《健忘》(*Oblivious*)，凡·莫里森的《棕色眼睛的女孩》(*Brown Eyed Girl*)，糖山帮乐队的《说唱歌手的乐趣》(*Rapper's Delight*)，哈里·麦克林托克的《巨石糖果山》(*Big Rock Candy Mountain*)，还有山姆·库克的《美好世界》(*Wonderful World*)；还有《一切由女王决定》(*Anything By Queen*)。尽管大家的品位各不相同，这些歌曲有摇滚，有民谣，风格迥异，但是每首歌曲在传递快乐方面都承载着完全一样的生理效应。

说到我自己在这次民意测验中的贡献，也是受到谢尔比的启发，我加上了在歌剧《往事成空》首演时由科尔·波特创作的歌曲《我很喜欢你》(*I Get a Kick out of You*)。1934年，该剧在百老汇首演之后，《纽约时报》就扬言："请相信我吧，经济大萧条已经结束了！"当然了，当时大萧条根本就没有结束。在那之后，全国又经历了7年之久的经济动荡。但是每天晚上在这部歌剧上演的时间里，在纯粹叙事和奇思妙想的环境里，百老汇的观众一定会觉得，那些重大而且极度悲伤的事情都已经结束了。

音乐剧表演立足于减少了音乐节拍韵律的戏剧。就像是任何艺术努力的变革性媒介一样，在快速轻弹的音乐、闪烁的色彩和优美的舞姿中，音乐剧将现实和幻想完美地融合在一起。如果说音乐剧表演的概念有什么是虚构的，那就是突然和瞬间的歌舞表演要求我们暂停怀疑。音乐就像施了魔咒，让我们的大脑变得不那么富有逻辑思维能力，让我们进入一种完全相信演出的催眠状态，这也是缓解不适的一剂良药。

心理学家鲁思·赫伯特写道："音乐能激发原始的、高度进化的、古老的、深层的大脑结构。"它能激发情感，触及内脏器官，协调身体系统——头部、脉搏、肌肉和骨骼。脑细胞共同工作来理解音乐的旋律、节奏、音调和歌词。音乐能点亮视觉皮层，激活运动皮层，让人跟着音乐点头，激活大脑的奖励中枢，让人们的头脑中出现记忆的光芒。可以说音乐就是情绪和情绪反应的密码。音调也能激活内啡肽，调节情绪，在无意识的层面上影响每一个听到音乐的人。此外，它也成为当时的瞬间记忆的固化剂，还能加强社区成员之间的情感。

音乐或许也是传播感染性情绪的最有效媒介。赫伯特继续说:“当你在唱诗班里时，你确实会从别人身上‘捕捉’到某种情感。”音乐能暗示人的生理变化。我们的身体就会毫不费力地接受以轻快的大调为主旋律的欢快节奏，令人赞叹的演奏技巧也充满了我们的胸腔。音乐疗法具有的一个好处远远超过了大多数类型的抑郁症治疗手段。住院儿童在音乐治疗期间表现得比在游戏治疗之中还要快乐。悲伤的音乐可以舒缓心跳，也能增强免疫力，抑制压力，降低血压。

虽然人们对音乐并没有完全相同的品位，但是文化之间存在着一种共同的联系，就仿佛音乐的原型与其说是一种我们赋予意义的形式，还不如说是一种集体认可的比喻。

除了巧克力和北极星，音乐是最接近我们普遍认同的东西。

幸福的传播是难以捉摸的，在某种程度上是因为通常我们界定情绪的方式都带有主观色彩。有些人把幸福说成是快乐的感觉，比如乐观主义或者是纯粹的放纵。从生物学的角度来说，幸福只不过是大脑边缘系统（我们情绪的核心）发出的信号。在

《理想国》中，柏拉图写道，幸福在那些道德高尚的人中间传播，他们可以负责任地运用自己的力量，肩负社会正义。也就是说，幸福是挣来的，是一个人渴望并依赖于他的个性品格的一种品质。更多当代的神经学家和精神病学家如维克托·弗兰克尔提出的观点认为，幸福的传播需要一个人能够审视自己的内心，并拥有一种渴望，渴望对比自身更伟大的东西怀有感激之情。就一切情况而言，对幸福的敏感度依赖于随时可能发生的偶然事件。

当我和尼古拉斯·克里斯塔基斯见面时，他谈及了和加州大学圣迭戈分校的詹姆斯·福勒的研究，以及他们基于2008年发表的长达20年的纵向研究得出的关于集体幸福现象的研究成果。他们研究认为，情绪在社交网络中传播，而幸福本身就是一种快活的折磨。幸福比世界上的6 000多种语言中的任何一种都更容易被理解。如果拥有一个快乐的邻居，那么我们自己变快乐的概率就会增加34%。在社交网络中，每一个快乐的个体都会使他人获得快乐的概率增加9%。

接近幸福也是治疗抑郁症的灵丹妙药。抑郁的传染和快乐的传染之间最大的区别在于，那种深深的悲伤情绪伴随着它自身的限制传播的内在机制。与快乐不同的是，抑郁往往会使人们孤立自己，远离社交网络。如果你孤立自己，不和他人打交道，你就不太可能把自己的性情张扬出去。从青少年到成人健康的全美国纵向研究观察了2 000名美国高中生，并断定有5个或者更多情绪健康快乐的朋友可以在大概6到12个月内使抑郁症发病的可能性减半，让人从抑郁症中恢复的可能性翻倍。有抑郁症的朋友会使人们有患上临床抑郁症的风险，而有快乐的朋友很显然“既具有保护作用又有治疗效果”。

但是我发现最令人着迷的是，幸福可以通过三种不同的方式传播。就像目标和贪婪一样，我们可以在没有意识到的情况下从他人身上获得幸福，也可以从我们还没有接触到的资源中获取幸福。一个快乐的第一感染源有 25% 的概率把快乐传递给她身边的人；她有大概 10% 的概率把快乐传递给她的朋友；而且受她传染的朋友把快乐传递给另一个人的机会增加了 6%。

2015 年 3 月的一个傍晚，大约 6 点 45 分，甘恩中学的校园笼罩在暮色中，教室的玻璃都随着暮色的降临而变得漆黑。被俗称为蝙蝠洞的下沉式户外就餐区已经被废弃了，空旷的场地上仍然留有学生活动的痕迹，乐队挑战赛的海报还在墙上贴着，学生执行委员会发出的通知也还钉在公告板上，员工高尔夫球车也停在雨棚下面。

亮橙色的黄铜天花板射灯照亮了停车场。停车场里逐渐停满了汽车。校园人行道上人流量不断增加。来宾们都聚集在斯彭博格剧院紧闭的入口外面。剧院里面，学生们正热火朝天地在后台忙活着，穿戏服、化妆。管弦乐队都忙着给乐器调音。当门都打开时，剧院很快就变得温暖起来，观众们纷纷落座，这个宽敞的大厅里顿时人声鼎沸。

走进剧场，会产生一种这里欢迎陌生人的感觉，会有一种作为校园主导力量的年轻学生们邀请我们来到他们的地盘的感觉，允许我们看一看他们在校园里的生活。我们在这里聚集为的就是让他们对我们说：看到我们了吧！看看我们吧！我们的故事远不止你们听到的那些。我们不是只会学习。我们对霹雳舞、自动化技术、机器人和艺术都很感兴趣。不要可怜我们。不要想当然地说我们压抑、愤怒、恐惧、害怕或者惊慌失措。我们善良、热情、兴奋。我们有很强的适应能力并充满希望。如果我们能微笑、能歌唱，那么你也可以。我们允许你们快乐，而且允许你们为我们感到快乐。

后来，詹姆斯·谢尔比告诉我，他在后台等待演出开始的时候，他深深感到这个时刻的重要意义。当剧场的灯光暗下来的时候，他意识到自己的呼吸简直都要停止了。序曲开始时，他才慢慢地呼出一口气来。

随着雷诺·斯威尼的角色进入了《我很喜欢你》的欢快旋律，舞台沉浸在仿亮片连衣裙、雪纺裙、帽子、白色水手服和亚麻针织套头衫的海洋中，我想象着周围的观众在这些时刻会有什么样的感受。一种放手的感觉，一种屈服的感觉。在几个小时的时间里，甘恩中学将会成为一个通向美好和治愈的大门。当我们听到歌曲《没什么比旅行/一帆风顺更好的治愈方法》时，我们的思绪转向了治愈和逃避。欢乐占据了我的身体。我完全忘记了我是在观看一所高中的演出。我周围的观众也都为之着迷，沉醉在明快轻松的氛围中。所有在场的人几乎都是一样的感受。当演出进行到歌曲《你是最棒的》(*You're the Top*)时，我们所有人都沉浸其中。这真是一种再好不过的感觉，是一种完美的感觉。

谢尔比也一样有这样的感觉，因为节拍和节奏将观众彼此联系在一起。他感受到一种温暖的气氛快速、彻底地在整个剧场弥漫开来，就像本周的每一场演出一样，在演出期间父母、学生、学校行政人员，还有社区成员齐聚一堂，营造出的氛围是对生命的礼赞。

在幕间休息时，剧场又变得嘈杂。人们脸上洋溢着微笑，相互交谈甚欢。学生们和各自的朋友都簇拥在剧场外面。还有人拿着手机查看演出时接收到的信息。这只是现实世界试图重新回到人们各自的生活中。到第二幕最后一刻我们都被现场的气氛拯救了。整个乐队的合奏把欢乐的戏剧表演又推回到我们面前。我们服下音乐这剂良药，它就像是米格尔 · 萨比多和肖恩 · 索西在拉丁美洲、印度和加勒比地区给当地人分发的良药一样，甜蜜而且美好。这些都是针对大众的靶向治疗。今晚演出结束我们都要回家。希望我们能把演出中的这些东西带回家，希望这些东西能在我们生活中停留一段时间。明天我们会比平时更快乐一些，尽管我们可能不知道为什么。

甘恩中学独有的萧条期还没有结束，而且我认为今晚剧场的每一个人都不会愚蠢地相信，这个喘息的机会仅仅是门票所承诺的：一场音乐的盛会、一次欢乐的合唱、一场壮观的演出、一次这个小镇迫切需要的幽默演出。谢尔比觉得，每一次节目的加演，门票所承诺的一切都会实现，会带给人们一种感恩和释放的感觉。当演出结束，演职人员退到幕后，谢尔比不知道他胸口轻轻地飘荡着的这种感觉是否会飘进并常驻在小镇里，而且至少在一段时间内会成为一种可利用的资源，就像是有人可能会哼唱一首歌曲的几个小节那么容易一样。

第二十七章

情商的价值

我们在用雨伞抗击飓风。

詹姆斯·谢尔比，用一种社会传染和许多其他的社会传染进行较量。朱莉·利思科特–海姆斯为消除部分压力而长期奋斗。这些是对抗一个强大得多的敌人所获得的小的胜利。必须有一种方法将这些实践加以整合，然后形成一个集中的前沿阵地。

所以，在甘恩中学的春季音乐季结束之后，我给沃顿商学院的西格尔·巴萨德打了个电话。我问她，在关于同伴之爱的研究中她是否发现过更好的手段来阻止有问题的社会传染的扩散。我问她，这是一种用积极情绪的例子压倒整个体系的问题，还是一个系统地建立起防线来对抗引起人们痛苦的情绪的问题？

她回答我说："这不是在传播同伴之爱，也不是成为道德领袖"，"当我教人们学习情绪传染时，我要强调的一点就是情商的价值。"

我皱了皱眉头。情商是建立在这样的假设之上的：我们知道如何解读我们自己的情绪，也知道如何识别他人的情绪。2009 年奇特传染开始没多久，我和罗尼·哈比卜在咖啡馆交谈时我问过他，他觉得学校的学生都怎么样。哈比卜说学生们又害怕又沮丧，但是学生们在如何表达他们自己的方式上也很谨慎。当然，也有悲伤的表现和表示支持的集会，但是在随后这几年的会议和谈话的过程中，哈比卜也指出，他所看到的这种坚忍不拔的精神已经显示出它更为系统的一面。在某种程度上，他认为他在学生身上看到的不是刚毅或顺从，而是一种平实的情感，就他自己看来，这种平实的情感说明学生缺乏关于情绪表达方面的基本知识。如果人们一开始就不是特别擅长识别他们的感受，那么他们应该如何表达自己的感受呢？

“我正在进行一项新的操作方法。”哈比卜曾经告诉我，他正在课堂上尝试一些非正统的方法。事实上，一段时间以来，哈比卜一直怀疑，长期的修复过程所要求的不是仅仅教会人们如何传染情绪，还要教会学生一门全新的语言。

一门关于情感的语言。

那天晚上晚些时候，我给哈比卜发了短信，告诉他我下周再去学校看看他在忙些什么。

我们俩聚在一起时感觉不错，哈比卜黑色的眼睛在欢乐的日子里充满了丰富的情感。在过去的几年里，我们总在他上课的教室里见面，无论是在他上班时还是放学以后。我们会聊聊他的一双儿女，这两个孩子和我的两个孩子年纪相仿。我也见过他的妻子，一位心理治疗师，2009 年甘恩中学出现第一场群发性自杀事件时，她正是在那里完成心理治疗实习阶段的培训的。如今，又一个学年即将结束，学生们疯狂地为期末考试和 AP（美国大学预修课程）考试周做准备，这也是高年级学生收到大学录取或拒绝通知的时期。这就是一些人所说的自杀季的开始。确实，每年的这个时候都让哈比卜非常紧张。

我刚到学校，课间铃声就响起来了。除了几个留下来参加补考的学生之外，教室里再没有其他人了。哈比卜把学生们安顿好，然后走过来，紧紧地拥抱我。当他放开手的时候，他用两根手指抓住课桌的边缘，膝关节弯曲，慢慢俯下身子倒在地上，四肢着地，最终仰面躺在地上，双眼紧闭。

他告诉我，他最近背部肌肉拉伤了。他也不确定是怎么拉伤的，就觉得是压力导致的。这就需要他耗费全部精力来支撑一天的工作和授课。

8 个学生永远地离开了。哈比卜就教过好几个。他发现自己在这最后的日子里非常孤单，面对的是空空的课桌，而事实上，我们离结束还有一段距离。他喜欢自己的工作，但总有一种不断失去的感觉让他的快乐打了折扣。也许这就是近期哈比卜放学后向我发出的拜访他的邀请越来越频繁的原因吧。一个人待在这里真的很难。

不难想象，作为 20 世纪 90 年代甘恩中学的一名学生，哈比卜还是个年轻的孩子，个子又高又瘦，头发浓密。在那之后，他总是设法避开学校文化让他面临的竞争和充满雄心壮志的陷阱。而且，最终可能让他自食其果。他的朋友们都进入了顶尖学府，并逐渐实现了在科技行业大展拳脚的梦想。相反，哈比卜去了加州大学圣克鲁斯分校，后来成为一名教师。

在他第三和第四个学生自杀期间，哈比卜发现他自己又回到了他在大学上过的关于个人赋权的课程中，这些课程的重点是通过对情绪的理性认识来打破消极的思维和行为模式的技巧。哈比卜从一开始就有一个基本认识，那就是情绪不是一种奢侈品，而是一种必需品，它和任何生存本能一样重要。他告诉我："关注我的感受就像是我穿过这座迷宫所需要的指南针，这就是生活。"就在他的教室窗外，2 000 多名学生穿梭在教学楼和楼廊之间。他们看起来都很开心，聚精会神地投入到彼此的交流中。然而，在这种表象之下，高成就的心态仍然是甘恩中学的组成部分，这和当年哈比卜上学时一模一样。在那个年代，年轻的孩子们并不是在不协调和看似随意的行为中自杀。但是，回顾过去，他说，那时会有警示，指明未来会有麻烦。哈比卜指出，在整个社区范围内，存在着一种精神疾病的瘟疫——重度抑郁和广泛性焦虑症，这在历史上一直没有得到学生和教职工的公开承认和认可。

当情绪被雄心壮志取代时，社会传染就会完全不受苛责。在这种情况下，你能做的最好的事情就是培养幸福感，并营造出一种平衡消极情绪的方法，尽管对于哈比卜来说，这似乎有些目光短浅。你可能会说服学校通过公共广播系统播放一些欢快的音乐，以人工操作的方式用快乐来感染人，或者让老师们在教室里提高他们的微笑指数。即使是一种虚假的喜悦之情的表达也会引发我们大脑中的多巴胺效应，毕竟多巴胺还不能完全地辨识出真心的微笑和虚假的笑容。

但是要找出一个切实可行的解决方案来应对这场瘟疫则复杂得多。为了将某种规则强加给所有的传染性情绪，哈比卜已经决定，与其试图教会学生消除有问题的情绪，还不如努力把每一种情绪都向前推进。

哈比卜认为，西格尔·巴萨德关于情绪意识的说法是正确的，但是这种说法忽略了一个大问题。“硅谷这个地方从来不擅长与人产生情感上的共鸣。”他把一只胳膊搭在椅子上，另一只胳膊则紧紧地挂在我脖子上，把身体靠在我身上，站得笔直，说：“这就是我们文化的一部分。”

与加里·斯卢特金的“治疗暴力”模式类似，哈比卜认识到，如果学生的沮丧和焦虑阈值比较低，那么解决方法就是训练学校的每个人去识别警告信号，而且要成为阻止者，去阻止从自残到决绝的自杀的连锁反应。问题是学生们根本不知道这些警告信号是什么。如果你不知道你在看的是什么，你也就没有机会发现你在寻找的是什么。

作为硅谷之子，哈比卜深知此地对教育的重视，他发现他的学生对自己和周围所发生的情绪传播的过程一无所知，这是非常危险的。感染情绪是不可避免的。由于无法阻止人们感染情绪，哈比卜已经开始教授他的学生们所缺乏的语言表达工具了。

他解释说："如果我的学生一开始就不知道如何表达自己的情绪，那他们就无法调节和管理很强烈的情绪。"

教学生学习这种技能似乎很容易，只是教"共同核心"课程和这些无形的知识是有区别的。这其中的原因既有生物学上的，又有哲学上的。具体的学习发生在大脑的新皮层上，它会指挥所有分析、技术、概念和逻辑等能力。然而，同理心的表达需要一种截然不同的语言。它会参与到大脑边缘系统的神经递质中，即大脑的情绪中心。

在第一场群发性自杀事件刚开始时，哈比卜就怀疑，如果他能够教会学生如何识别发生在他们身上的情绪过程，那么他们可能能够在刚一感染这些情绪的时候就理解和管理好这些情绪。

当我们俩聊天时，他努力让我想起古希腊一个关于诠释的故事——特尔斐神谕。这个神话讲的是一个女祭司通过吸入让人进入恍惚状态的催眠气体来看到未来。问题是，在她狂躁的状态下，她开始胡言乱语，所以就由牧师和诗人把她喋喋不休的胡言乱语解读并转换成连贯的预言。和解读这种胡言乱语的方式一样，教授学生情商也是解读难以理解和冲动的反应，把言语表达应用到曾经无法辨识的地方，学习从未知中解读意图的语言。

20 世纪 90 年代，在首席专家如心理学家彼得 · 沙洛维、约翰 · D. 迈尔、马丁 · 塞利格曼和丹尼尔 · 戈尔曼等的领导下，情商项目的研究开始在美国流行起来。尽管不少研究人员和组织通过智力和技术手段获得了成功，但是他们认为，情绪意识，以及我们调节和有效控制情绪的能力即使不是最重要的，也和其他该掌握的技能一样重要。戈尔曼认为，理解和管理情绪也是防止自杀想法和实际自杀企图的一个保护性因素。

没有情绪意识的话，就不会认识到死亡的真正后果。打消死亡的念头取决于一个人有能力充分想象到这样一个巨大的损失将会给被抛下的亲人留下无法估量的悲痛。当有人问“你过得怎么样？你感觉如何？生活过得怎么样？你心里在想什么？”这些问题时，要是我们知道该如何回答就好了。如果没有情绪意识的话，就没有什么坦率的回答方式。在硅谷，人们为了追求聪明才智会避免运用情商，而社交情商的学习就成了那些不知道如何操作这种控制自己情绪系统的人的指导手册。

因此，2011 年哈比卜非常认真地发起了一个情绪传染意识的试点项目。他每次以 5 分钟的静心冥想开始他的经济学课程，目的就是让他的学生能够意识到他们内心的杂乱想法。这个试点一开始是一项尴尬的实验，后来变成了一种学生们自发的持续性实践。他告诉我：“我注意到，在 12 周内，班级里自我报告很焦虑的人数明显下降。”“我也能看到这种变化。这是一种发自内心的变化。我的学生能更好地集中注意力了。他们笑得更多了，学习成绩也更好了，看起来也更加健康了。”因为有了类似这样的好结果，他请求允许在高中开设美国历史上第一个积极心理学课程。通常，甘恩中学的选修课最多只有 25 名学生可以选修。但是他刚一开始开放课程注册，就有 100 多名学生申请。“他们非常渴望有这样的课程。听着，学习很重要，但是理解如何更好地意识到我们内心世界的想法、感觉和情绪，并且利用这些信息来自我调节，甚至拯救彼此的生命也是非常重要的。”

哈比卜鼓励学生们大声谈论他们的挫折，并承认他们是否感到被倾听，通过这样的方式来确定他们的悲伤、快乐、沮丧和不安等很多情绪。当他们感受到心跳加速、皮肤出汗、呼吸急促以及胸口发紧时，他们也能意识到一些症状。从那以后，就学术、社交和情绪学习方面的合作研究发现，在社交和情绪学习项目上投入巨资的学校都表现出了系统性的变化。哈比卜看到孩子们相互帮助，控制焦虑情绪，并且比以前更加善待自己了。

通过训练，学生们对情感有着细致入微的理解，他们第一次表现出对幸福更加深层次的渴望。这种理解也同样适用于教育工作者。因为职业倦怠感会使人们的感知变得迟钝，这就会导致教师们很难辨识出学生们在情绪和心理方面的压力。自从情商训练项目在甘恩中学开始实施以来，学生和老师们每年都能发现并阻止超过 50 名学生的自杀倾向，并将多数学生送去接受专业的情绪治疗。“如果我们想象一种疫苗的作用不仅在于它如何影响一个个体，而且还在于它如何影响一个群体的整个肌体，那么将接种疫苗看作一种免疫储备就是很公正合理的。这种储备的贡献就是进行捐献，给那些不能或者无法受到自身免疫系统保护的人进行捐助。”欧拉 · 比斯写道，“……那么大范围的疫苗接种就比个人的疫苗接种更加有效。”在甘恩中学，情商既是一种集体免疫，又是一种个体免疫，它依赖于群体的认知和行动能力。

哈比卜告诉我，一旦他的学生有了这种情绪意识，那么他所做的就是有效的。“你可以对学生说：‘好吧，你觉得自己不如别人，考试的时候你就会感到焦虑。好了，很好。那咱们就来解决这个问题。让我们来给你点具体的技巧，你可以在考试之前用来缓解焦虑。或者让我们来教你点具体的技能，可以用来解决这个让你感到自卑的问题。’此时此刻，我们进行的是一场与以往完全不同的对话。”

然而，这种估计本身就存在着另一个悖论。消极情绪传染的最佳治疗方法仍然是有目的地磨砺一个人的情绪意识，并习得应对传染的方法。但是社会传染的一致性仅次于其名称的荒谬性；马克斯·普朗克人类认知和大脑科学研究所指出，虽然增强情绪的协调和同理心可以与情绪问题的症状做斗争，但是情绪的社会传染在那些对他人的情绪有自我意识的人中间传播得更快。在情绪上与人协调也就是对情绪的影响，因此很容易让人受到影响。同理心就既会成为我们所作所为的救世主，又会成为毁灭者。

哈比卜认为，或许诀窍就在于创建一支可以称为阻止者的军队。他培训学校的教育工作者和学生运用情绪认知的工具，教他们在处于危险边缘的时候知道该做什么。但是这种训练没有理由让最接近学生的人群来终结。如此大规模的问题需要一个不受学校限制的解决方案，我们还必须训练优步出租车司机、餐厅员工、发型师、按摩师、园艺师、咖啡师、吉他艺人，培训街道上的每一个陌生人，还有社区里的每一个邻居。当人们在他们的商店里，或是汽车后排座位上，或者教室的最后一排陷入这种奇特传染时，他们要知道可以加以利用的迹象、症状和公共服务。

最终，这个城镇的每一个人都会变成一名阻止者。

第八部分

利用社区的力量

四件事使决定人命运的旨意失效，即施舍、祈祷、更改名字、行为的变化。

——《犹太法典》

奇异的事情搭乘着晚风的翅膀飞进我的窗户，而我并不担心我的命运。

——卡尔·桑德伯格

第二十八章

家是最后的避风港

我不知道我以前是怎么错过它的。自从6年前我和罗尼·哈比卜第一次约好见面以来，我已经去过甘恩中学十几次了，但是2016年春天的一个下午，在我要进入校园时，我第一次注意到，就在校园入口对面的街道上，是阿尔塔·梅萨纪念公园。这个公园也是一个公墓。

火车轨道在距离甘恩中学以东两英里处，但是在学校门口的正南边，就是墓园的矮围墙。穿过一扇铁门，一条小径通向郁郁葱葱的草坪。洒水器喷的水流浇洒在修剪整齐的篱笆、树木，洒满阳光的草地和庄严的墓碑上，墓碑洁白得像阳光打在耶路撒冷的石头上。史蒂夫·乔布斯就安葬在这里。戴维·帕卡德和威廉·肖克利也都安葬在这个墓园的某个地方。还有斯坦福大学教务长弗雷德里克·特曼也安葬在这里，他开拓了大学和科技公司之间的关系，这些公司都是这个城镇的基石。在这满是墓碑的地方，每一座坟墓都与一个人和一份遗产相关联，这份遗产能激发人的思想、情绪和行为，即使是在被动的情况下也是如此。对我们来说，这是生命尽头，但是对于一种奇特传染来说，这里距离尽头还很远很远。

我把车开到甘恩中学访客停车场，当我穿过车道走到遮雨篷时，墓园就在我的左边。我不得不问，学校门口的墓地会对最容易受影响的人群产生什么刺激和影响。戈尔维策向我讲述了关于我们无意识中感知到的环境中的日常事物，我们不会过多地考虑这些事物和意象会以某种莫名的方式影响、推动、激励和提示我们。而且，如果这个公墓不在这里，那就见鬼了，这个地方就像是一个游说者在向进入学校的学生们分发传单。在远处高大的电子屏幕上，迷幻摇滚在屏幕上耀武扬威地闪动着，这是学生们最先看到的。

关于硅谷的一切都集中在这片墓地里：硅谷的创始人、科技名人，还有斯坦福大学的学者们都安葬在这里，同时还伴随着一种恐惧，那是生命尽头所代表的恐惧。或许我为这里附加的含义太多了。但是考虑到过去 6 年这里所发生的一切——8 名学生自杀及其产生的后果，很难让人们不去考虑其相似性或者相关性。而且，考虑到我所研究的，它们中的每一种，还有刺激、串联效应、社会传染都是既有害又有益的。

今天访客停车场特别满，我只好绕一圈在学生停车场找地方停车。我走到主办公室，和一群提着便携式按摩椅的女士们一块儿走进学校，按摩椅是期末考试周为学生们提供的一项服务。我叹了口气，这是自我应验预言的难题：就像当来自疾控中心的有害物质或者访客出现在不该出现的地方时，我们会采取相应的措施，如吃糖衣药片，虽然不一定有效，却可以带来心理安慰。如果学生们看到人们认为他们在期末考试中压力如此之大以至于需要按摩椅的话，他们就会紧张到真的需要一把按摩椅。

在任何年龄，等待着与校长会面都是一件让人感到羞愧的事情。就在学校下班之前，我和其他 6 个人还在主办公室的等候区等候。坦率地说，我一直在犹豫是否要见丹尼斯 · 赫尔曼。到目前为止，关于群发性自杀事件，我接触过的每一位教师、每一个学生、每一位家长向我讲述他们的故事时、让他们的看法成为记录的一部分时都会表现出一种谨慎的意愿。我和赫尔曼交谈时也是顾虑重重，因为，如果说这个城镇有人有理由保持沉默或者支持某个党派的路线，如果有这么一条路线的话，那这个人就是校长本人，作为学校的脸面，他会竭尽全力地表现出极大的平静、缓和紧张局势，避免不受欢迎的公众关注。

不到一年前，《大西洋月报》就硅谷的群发性自杀事件发表了一篇封面报道。显然，对于这里习惯于阅读关于他们自己领域的报道的人们来说，这并不是典型的与科技相关的硅谷新闻报道。大家关注的焦点都集中在这个地区出问题的地方，更具体地说，就是帕洛阿尔托。2014 年，群发性自杀事件在甘恩中学再次出现后，这个报道又被提起了。其中包括很多情景，有卡梅伦 · 李去世后出现直接后果的情景，也有老师们在教室和走廊里安慰大家的情景，还有甘恩中学从斯坦福大学聘请自杀预防专家的情景，还有一位家长在一次集会上大声朗读孩子自杀遗书的情景。当我第二次阅读这篇文章时，关于群发性自杀事件中涉及的名字、脸庞、学校建筑以及一些问题都像咸水湾的水一样浮现在我的脑海中。它所呈现的谜题对我们来说没有一个是新的。到目前为止，我们都很清楚地意识到甘恩中学在全国的顶尖排名，我们也已经考虑到这个标题和它在一些地区被称为自杀高中名字之间的鲜明对比。我想知道我们需要听多少次这里的高中 10 年中的自杀率大约是全国平均水平的 5 倍，或者说在过去这一年中，这个城镇上 12%的高中生都认真地思考过自杀的问题。我们都听说过人们对父母的指责，因为父母们总是把卓越表现的高标准强加给他们的孩子，以至于在某种程度上这也使一些人感到自己和家人隔绝了，而另一些人则学会了如何更好地掩饰自己的失败。我们曾质疑过按照严格的中国传统方式培养孩子的所谓“虎妈”的影响。这座城镇中有超过 40%的亚洲人，而且，的确，不论对错，正如这篇文章指出的，我们已经仔细考虑过文化变迁是如何“影响整个学校的文化”的。

我们已经理解了所有这一切。这些事实都是从何而来的呢？而且，现在这些丑陋又显而易见的真相都被揭露出来公之于众，让世人了解。这里的小秘密已经超出了我们所在社群的有限范围。正如杰拉尔德 · 拉塞尔所说，一旦信息传播得满世界都是，那就没人能再把它收回了。

鉴于此，如果丹尼斯 · 赫尔曼接到上级的命令，要求她停止与作家们进行交谈，我一点都不会为此感到意外。不过，安排这样一次见面已经够容易的了。她接受了我们见面的请求，这意味着两件事中的一件。她要么会仔细地思考谈话要点，要么在她进一步考虑之后取消和我见面。但是她并没有那样做。所以我准备让她躲在否认的面纱后面，这不仅很容易，而且完全符合逻辑。

在今天早晨到达之前，我得知赫尔曼和她的丈夫来自伊利诺伊州的德卡尔布县。他们在家乡仍然有600英亩（242.81公顷）的玉米地和大豆地，在他们的农田附近还有50座风车在旋转。我意识到自己也惊讶于这些偶然发现的联系、惊讶于生活中出乎意料的相似，甚至在它趋向于混乱的时候。赫尔曼曾经教过一段时间的化学，后来当上了校长助理，之后在威斯康星州米德尔顿的一所高中当了将近8年的校长，再后来又被甘恩中学聘为校长。

赫尔曼到等候室来见我时，她表情坦荡，眼睛中洋溢着温暖。她因为比约定的见面时间晚了一点儿而道歉；她和助理督学的会议持续的时间比较长，我并没有注意到时间。她继续说，今天是个格外忙碌的日子，但是她很高兴我们能有一些谈话的时间。

她向我指了指她私人办公室里的一张桌子，我坐下来，环顾四周，这是一间又大又干净的办公室。我有一种明显的感觉，她还没有完全搬进这个地方，尽管自2014年起甘恩中学就聘请她过来当校长了。我问道："你知道甘恩中学的故事吗？"

她回答说："知道一点。"学校并没有对她隐瞒其令人不安的历史。但是在当时，甘恩中学已经有4年多没有发生过事故了。她和一名房地产经纪人开车四处租房子，也注意到了铁路道口的轨道监控器。在监控器防晒油布上方悬挂着一块简洁的黑白相间的牌子，上面写着国家自杀预防热线的电话号码，另一块牌子用来警告行人远离铁路道口。在伊利诺伊州的农村，赫尔曼在火车周围长大，但是她从来没有见过像硅谷这样的安全措施。“也就是从这时起，我开始对这个地方经历了什么有了概念。”她刚到甘恩中学 8 周时，一列火车撞死了学生坎·根斯，赫尔曼说距离的借口已经消失了——从安全方面来说，时间制造的不仅是问题之间的前因后果，还有她自己和帕洛阿尔托所发生的事件之间保持的合理距离，这些都消失了。

现在，赫尔曼负责清理 2009 年和 2010 年的老旧机制，还采取了一系列应对措施和主动降低风险的方法。她还重新启动了甘恩中学校区和斯坦福大学、心理健康机构及县区间建立的合作伙伴关系。有那么几天，赫尔曼在学校一次就接待了二十几位不同的心理健康专家。预防系统的各个组成部分配合得非常顺利。甘恩中学在应对灾难方面已经变得非常高效了。

随着第二场群发性自杀一直持续到 2015 年，在这个微观世界里，心理、行为和情绪的社会传染相互交织、相互作用。赫尔曼看到了恐惧蔓延的影响，这比其他任何社会传染更甚。“学生都非常害怕，如果这种事情发生在一个看起来很快乐、很积极的人身上，那么这种事情也可能发生在他们身上。同样的恐惧也会在家长中间蔓延开来，他们担心的是什么可能对学生的健康和幸福，以及压力感有帮助，什么可能对这些没有帮助，而且他们还觉得他们无法为自己的孩子解决这个问题。学校教职员工也担心因为他们布置太多的作业，或者他们和学生之间没有良好的关系而导致学生死亡。”

但是最终，赫尔曼注意到，社会传染事件从恐惧和癔症转变成了一种社区性事件。她告诉我，现在比以往任何时候都有一种明显的感觉，那就是每个人都聚集在这个社区中。6 年来，帕洛阿尔托一直在质疑社区出了什么问题。但是，事实上，如果社区是为什么我们不能从一开始就和这两种奇特传染对抗的主要原因，又会怎么样呢？如果不确定包含奇特传染的社区的限定因素，我们就无法确定奇特传染的影响。热点区域并不是某一个人，而是地图上的某个地区。没有界限的话，社会传染就无法分类。一次群发性事件是由在加速的时间框架和地理区域内的行为所定义的。当一种社会传染跨越了它的界限，无论是一个工作小组、一间教室，抑或是整个城镇的界限，这些限定因素就是我们定义这种跨越的标准。社区就既是容纳社会传染的载体，又是逃离社会传染的载体。

但是社区又是离我们采取可行性治疗最近的地方。社区用消息灵通的理性话语回应社会传染，而不是夸大其词地过度反驳。社区还赋予人们勇气，激励他们免受非理性恐惧的侵害。一个能对本地居民的情绪表露迹象有所调和的社区，即使是对最微妙的警告信号也会做出反应。而且，最终，社区会选择是要利用社会传染还是成为社会传染的受害者。

当社会传染发动攻击时，社区为保护自己所做的努力就给这种奇特传染下了定义。每个人都一定会问：这将是一个非理性恐惧、瘾症、贪婪、倦怠和无节制的愤怒的故事吗？或者这是一个关于希望、理性、勇敢和和谐一致的故事？

赫尔曼质疑，该为和这个城镇一样遭受巨大苦难的人们做些什么？作为信息、资源和知识的传播者，社区中投入这场战斗的居民仍然站在和学生自杀进行对抗的前线。居民们都部署在居委会，开发了提供拓展服务的系统，还创建了一些项目来照顾悲痛的人、监控孩子们，并对他们的心理进行情商介入。是的，赫尔曼已经看到了社会传染所造成的伤害，但是她也发现了一个学会利用社会传染优点的社区。

她还说："我们很幸运，传播的是勇敢。一旦我们经历了损失，就会有一股强大的外部力量去做不同的事情，去承担责任。如果我们真打算这么做的话，我们就会有勇气去聆听和面对问题。"勇气是在潜移默化中一点一滴地由老师传递给学生、由学生传递给家长、由家长传递给孩子们的。"我见证过这种勇气的传播。孩子们都抱着强制性报告员的心态。有些学生知道自己的朋友处境很糟糕，但是因为他们担心会危及他们的友谊，所以曾一度很不情愿把糟糕的情况告诉大人，现在却直接明确地知道，如果不帮助他们，事情就会变得更加糟糕。这确实需要很大的勇气，而且我们越来越频繁地正视勇气了。我们的学生比以往任何时候都更加有发言权，更加直言不讳了。他们希望成为全校决策的积极参与者，并努力争取比过去拥有更强烈的声音。"

她说，作为解决问题的辅助工具或武器，这些社会传染并不是简单地在社区内混合在一起并相互作用。这种社会现象的完美风暴就是社区。我的邻居桑吉特·萨达尼斯说过，在某种程度上，闯入者成为某个地方的一个组成部分，仅仅因为就身处在此，所以促成了这个地方的社会传染。同样的情况也适用于社会传染，占据一个地方的闯入者和社会传染二者之间是难以区分开来的。

纵观过去6年，我相信赫尔曼是对的。这个城镇受制于它所孕育的社会传染，受制于危险和破坏性的后果，也受制于良性和有益的结果。这就是我们的奇特传染，而且我们的奇特传染也详尽地定义了这个地方。

赫尔曼与我分享了她的观点，在她任校长的两年里，学校的工作重心已经有所转移，将社会传染的意识推向前沿，置于最重要的位置。考虑到想法、行为和情绪是多么具有感染性，以及甘恩中学是多么努力地激发出积极的情绪、勇气和团结一致的学校自豪感，我们谈论在我们说的话和做的事情上深思熟虑的重要性。她还批准成立了一个学生健康委员会，该委员会最近发起了一项旨在减少对寻求帮助有羞耻感的运动。她还向我讲述了甘恩中学努力和一些家庭合作，共同帮助学生度过情绪危机。在这段时间里，一年里没有发生新的甘恩中学学生死亡的事件，这一统计数据似乎也表明，付出如此巨大的努力也是非常必要的。与此同时，时间已经尽其所能地治愈了这个社区。

电话铃一响，赫尔曼朝桌子那边看了一眼，打算把这通电话接到语音信箱里。我们俩又继续谈了几分钟，但是电话铃又响了起来。赫尔曼起身查看来电号码。她说："是督学办公室打来的。"她接起电话，转身背对着我。

当她接完电话，回到办公桌旁，她因为担心今天下午的谈话总是分心，于是又向我道歉。如果我真的担心赫尔曼今天下午和我会面时被监督，那么我所有的担忧也早已烟消云散了。她依然给人一种坦率、诚实和毫无防备的印象。

她继续说道："你可能已经注意到今天这里发生了很多事情。"

只是当她提到这一点时，这一天里无关痛痒的细节才出乎意料地开始在我脑海中浮现。过度拥挤的停车场成了应急场所。我见到在初创企业里设立舒适区、安装按摩椅的专家出现在校园里，这看起来不太像硅谷似的福利，更像是某种让人不自在的东西。主办公室太忙，以至于校长助理在我登记时都忘记给我发停车许可证了，这可是一个极不寻常的疏忽。

赫尔曼拿起水瓶喝了一大口水。"这事迟早要报道的，所以我想我可以告诉你了。"

她的声音变得很微弱。我在她的脸上捕捉到了一丝颤动。过了一小会儿，我突然意识到空气在我肺里都凝固了。这一刻的到来也让我不寒而栗；即使赫尔曼的目光变得柔和起来时，我还是感到身体像掉入了冰窖，倒吸了一口凉气。县验尸官向赫尔曼传达了消息：急救人员发现了年仅 19 岁的甘恩中学毕业生莎拉 · 玛丽 · 朗耶尔的尸体。她被北上的 155 号列车撞上了。

第二十九章

像对待疾病一样对待社会传染

“此次访谈我们所谈论的一切，现在都是真实存在的了。”

我不知道该对她说点什么，只觉得嘴唇发干。我斜倚的身子和赫尔曼保持一定的距离，两手在我们之间的桌子上来回滑动。

“我很抱歉。”

这一席话听起来苍白而且造作。我本打算关掉录音笔，但赫尔曼却说我们应该继续这次访谈。

她继续说道：“在这整个学年里，我们一直非常努力地寻找一种平衡，既要记住已经发生的事情，又要尊重已经逝去的人，但是我们也一直试图超越这种平衡，把注意力都集中到甘恩中学正在发生的所有重大事件上。”她每天都在提醒自己，这些学生在这所学校只有4年的时间，她希望这4年能对他们大有裨益。去年，学校发生了不少悲剧。今年，他们努力使它成为一种对学生来说积极而特别的体验。她说：“长期以来我们在这方面还是很成功的。”

“我能问一下你们是怎么做的吗？”

赫尔曼缓缓地舒了口气，在这个简单的动作中透着些许的颤抖。我无计可施地坐在那里。她凝视着我，彻彻底底地、毫无保留地、坚定而冷酷地看着我。

“这不应该是我们擅长的事情，尽管我们已经做过很多次了。感觉这是不正常的。在我任校长期间，有 4 名甘恩中学学生自杀，这是最让我难以释怀的事情，但是对于我的很多同事来说，他们在过去的 6 年里经历了 9 起这样的事件。这就是我真正的感受。我们正在回到放任自流的状态中。”

学校和城镇很擅长处理这种事情。我和丹尼斯 · 赫尔曼都知道接下来会发生什么。当地各个高中都将举行集会。悲痛援助项目将会部署防御工具装备、向媒体发布稿件、公共服务公告以及危机方案。在接下来的几天甚至几周里，就像有人往裸露的伤口上撒盐那样，我们将重复一个熟悉的反应循环。我们将以一贯的方式来实现这一目标，运用治疗模式，拼命地想让事情变得更好。心态也都是一样的。奇特传染必须停止，因此它也终将停止。但是，我坐在赫尔曼的办公室里，依然被这个消息搞得晕头转向，甚至不确定这些事究竟会不会发生。

我们有办法解决这种奇特的传染，但是我们仍然找不到切实的方法来彻底阻止它。6 年前，我开始着手揭开这场完美风暴的各个组成部分，希望通过这样做，可以学会如何阻止这场风暴。我所剩下的就是一系列的见解和矛盾：媒体不仅限制了它的传播，也使其永久保持存在。即使情商对阻止情绪传染的传播起不了什么作用，也可以对抗情绪传播的影响。行为刺激能促进勇气，但同时也会促进不可能达到的标准。各个援助组织虽然让传染缓慢下来，但是他们也同样传播着这些传染。对瘾症的反应降低了该症的污染，但是这种污染也增加了对瘾症的反应。引导人们去发现积极的行为可能会适得其反，并引发我们天生的自我伤害倾向。寻找一种万无一失的治疗方法，是长久以来我梦寐以求的至关重要的东西，可是现在我却两手空空地回到原点。

当奇特传染开始出现的时候，我最先和尼古拉斯·克里斯塔基斯交谈时，我向他提出一个非常简单的问题：是否有可能找到一种治疗帕洛阿尔托这种奇特传染的方法呢？在探寻这种治疗方法的整个过程中，我一直在假设这种治疗方法是可能存在的，但是可能我探寻的最终目标一直是错的。最终，也许包括阻止群发性自杀在内的所有措施都不是正确的目标。我本来一直要问他和我自己的问题是：既然它就在这里，是我们现实生活中的一部分，我们该做些什么呢？

我想，我们能做的最好的事情，就是要像对待其他疾病一样对待奇特传染。有害的和有益的社会传染无处不在，根本无法避免。我们有办法解决那些造成消极后果的问题，也有办法促进产生积极后果的问题。但是就找到能永久终结这种奇特传染的单一事物而言，事实是潜在的社会传染和区域脆弱性将持续存在。正如一个人在染上一种致命疾病时所做的那样，我们也要治疗各种症状、避免导致传染出现的诱因，并保持丝毫不放松的警惕。而且，在疾病和悲痛中，我们以充满善意的方式继续相互扶持。

奇特传染不会停下来。6年的探寻已经说明了这一让人无法忍受的事实。

当然了，实际上这一点也并不令我感到惊讶。这些年来，我采访过的每个人，我遇见过的每一种情形，都潜移默化地传递着这种智慧。杰拉尔德·拉塞尔谈到的熵，即一个人无法还原自己已经逃避掉的命运。科恩县至今仍然怀有不确定性和非理性的恐惧，尽管当地人完全相信那些以不同方式低估区域性癔症的不置可否的事实。瓦伊尔·高尼姆在他关于革命后埃及的故事中称其为不可避免地向旧行为的衰落。当我问及伊利诺伊大学的加里·斯卢特金是否相信暴力真的可以治愈时，他回答得非常谨慎："嗯，对于疾病，我们不是宣布疾病的治愈，而是谈论复发的可能性。当适当的策略在合适的设施中实施时，对于为什么不能阻止社会传染，其实没有什么真正的理由，就像阻止其他的传染过程一样，比如天花、小儿麻痹、肺结核、麻风病或者鼠疫。"但实际上他并没有真正回答我的问题，而且我现在意识到，当奇特传染再夺走一条生命时，在这种缺失中，他的真正的答案才得以保留。

对于身体和心理上都具有传染性的疾病，要根除就需要接触和抵抗相结合，双管齐下。传染过程的对象就是传播的对象和群体的易感性。斯卢特金告诉我说："一旦一种传染开始蔓延，要阻止它，问题的关键就是尽可能让更少的人接触它。然后你就有了抵抗力。但是要根除是绝对不可能的。”

在这次探寻中我所找到的答案已经指向了一个残酷的现实，是某种无处不在、不屈不挠、无法治愈的现实。我已经清楚地了解了一个大问题的源头：文化影响、狂热、瘾症、反安慰剂效应，还有野心和贪婪等的病原体，导致目标传染的因素、促成接受门槛提高以及压力和沮丧的原因，还有导致随大溜和压迫感的危险的原因。但是在这些答案当中，我看到一条共通的线索，我注意到，我看过的每种方法和我收集到的每种反应都表明了我们每个人作为集体中的个体成员对彼此的责任。身为教师的罗尼·哈比卜，还有作家朱莉·利思科特–海姆斯都谈到了将情绪意识迁移到社区当中，人人都必须密切关注彼此，特别是当我们无法用语言来表达自己的痛苦时。加里·斯卢特金的“治疗暴力”方法则更进一步。当所有的社区成员——从出租车司机到咖啡调配师，都成为对棘手的社会传染有丰富知识的阻止者，观察传染迹象、了解他们可以利用的资源时，那么就只会有好的事情发生。动机实验室的彼得·戈尔维策谈到要改变社区中的刺激因素，指导人们要注意我们无意中表现出来的线索，以及每条线索是如何影响我们周围其他人的情绪和行为的。我的邻居桑吉特·萨达尼斯谈及了改变社区集体智慧的特征，以及当我们改变教给孩子的东西时，人们可以期待的巨大变化。在PCI媒体影响公司，西恩·索西谈到依靠社区通过故事来传播治疗模因和行为。如果没有一个积极响应的社区，相关信息就会浪费，积极的变化也会变得无效。

在我调查之初，我发现自己置身于两起奇特传染事件之间，而且开始更全面地理解了人与人之间相互关心、相互留心提防的必要性，人人都有必要具备有能力交流、有能力影响别人的意识。在调查的过程中，我的目标变成了试图理解社区如何才能最好地面对危机，并在社会传染的自然现象中得以生存下来，而这种自然现象就像飓风一样不可避免、不可驯服。

赫尔曼陪我走出办公室。如今从外表来看，甘恩中学和全国任何一所高中一样，你永远都不会知道这里发生了什么。但是当你走近仔细观察时——实际上它是在邀请你，你就会注意到细节。我和赫尔曼一起步行穿过蝙蝠洞，里面摆着几张长长的野餐桌，铺着橙色的瓷砖，柱子上有个牌子，上面有一个黑色的大箭头指向天空。它是为了提醒学生们要抬起头来。在另一栋楼里，有人钉了一块手绘的牌子，上面写着 WE CARE（我们关心）。在教室一侧的一堵墙上，专门用来存放大学的拒绝信，意在提醒学生们人人都可能失败，没有例外。校园附近的其他地方还悬挂着写有自杀和危机处理中心电话号码的牌子。

赫尔曼朝我笑了笑，这是一种勇气，比过去 6 年间我在甘恩中学所见过的任何一种勇气都更有说服力，更令人感到欣慰，也更加温柔。她说：“我们的学生都是非常有韧性、坚强、有爱心的普通孩子。”她还告诉我，如今，学生们都关注着彼此。当他们问你过得怎么样时，这并不是什么空洞的客气话，而是一种深刻且有意义的交流。另一方面，学生之间还相互观察彼此的声音变化、情感的起伏变化，以及别人脸上表现出的无精打采。如果学生们看到某个他们可以识别的迹象，这个迹象就会在他们身上产某种像触电一样可怕的感觉，他们就会发出警报，在彼此身上激发出勇气、希望和韧性。

我的注意力暂时越过赫尔曼的肩膀转移到另一个地方，在其中一个庭院中心竖着学校的旗杆，红白两色的加州州旗在微风中飘动，旗面中央是一头在绿色草地上走动的加州棕熊。

我想或许是时候再添一面旗子了，添一面亮黄色的检疫旗。对于我们所有人都加以传播、感染、抵制的心理传染、情绪传染和行为传染来说，这都是一种视觉上的提醒。或许我们所有的学校都应该竖起亮黄色的检疫旗。让这些旗子高高飘扬在各个地方，写字楼上方、车顶、购物中心入口处、咖啡馆和电影院门口，还有拥挤的地铁站和公交站入口处。护卫队会保护检疫旗，不是出于爱国主义的荣誉感，而是出于个人职责，以及对组成集体的其他人的责任。从办公场所停车场到社区停车场，旗手们用亮黄色洗涤了各个城市，检疫旗毫不费力地就席卷了所有指定的地方，和地方性的焦虑、可憎的行为、理性思维的堕落完全一致，但并不比欢笑、幸福、勇气、与心跳一致的镜像神经元的闪现、可传播的知识财富，以及最最重要的希望的传染多多少或少多少。我把它们都描绘出来，一种和世界相连的感觉让我感到安慰。

在接下来的几个月里，我和家人将永远离开我们在帕洛阿尔托居住的社区。我们把储藏室里搬家用的纸箱拿出来，清理公寓里的物品，并打包装箱。用包装纸把盘子都包好，把衣服都叠好，还把墙上的艺术品都取下来收好。我们并没有离硅谷太远，只是搬到硅谷往北20英里的一栋房子里。老社区的邻里大多出自科技行业，都是专业人士，而我们的新社区则不一样，在某种程度上这里的人更另类，更像是一个大杂烩，有上了年纪的嬉皮士，也有教师、社会服务人员、蓝领，以及退役军人。这里没有斯坦福大学这种名校，在山下只有一所社区大学和一所男孩少年犯管教所。我们购物的地方也不再是精品市场了，而是铺着鲜艳的橙色油地毡的西夫韦连锁超市。这里也没有什么新创公司，只有一个小型购物中心和两个加油站。我的妻子也从谷歌公司辞职了，加入了一个非营利性机构，从经济收入的角度来说，朋友们认为我们这么做真是太愚蠢了。我们选择离开，在一定程度上是基于一种非理性的恐惧，我们为这种恐惧披上了实用性的外衣。但是，很明确的一点是，我们已经陷入了癔症中，陷入了恐惧中，这样做“只是以防万一”。

站在我的新家的工作间里，看着周围都是装满笔记的包装箱，那种可能逃离我在帕洛阿尔托所见所闻的想法越发没有归属感了。离开那里其实无关紧要，因为，说实话，哪里有什么藏身之处呢？社会传染影响着世界各地的企业、医疗保健行业、教育系统、政府决策、政治和国际关系。在表象之下，一切都是相互关联的。

而且，我们为什么要东躲西藏呢？尽管帕洛阿尔托出现了不可挽回的悲剧，但帕洛阿尔托仍然是一个如何战斗、如何生活、如何快乐、如何保持坚强的典范。奇怪的是，这就是一个可以参照的地方。这里是一个在最黑暗的日子里彼此之间如何相互关爱的光辉典范。这里也是我们对彼此都肩负责任的重要提醒。最终，这个教训是有益的，是干净的，也是类似救赎般的存在。

致谢

感谢那些不断展现自己勇气的人：甘恩中学的教师、学生和家长们，特别感谢罗尼·哈比卜、丹尼斯·赫尔曼博士、诺琳·利金斯、保罗·邓拉普、詹姆斯·谢尔比和乔伊斯·卢伊。

感谢那些继续相信我的人：理查德·派因、亚历克西斯·赫尔利、伊丽莎·罗思坦，以及Inkwell Management（一家版权代理公司）的每个人。卡伦·里纳尔迪、汉娜·鲁滨逊、维多利亚·科梅拉、哈珀维出版社、哈珀·柯林斯的宣传图片。

感谢那些我可以继续依靠的作家和思想家：亚当·格兰特、谢丽尔·桑德伯格、朱莉·利思科特–海姆斯、丹·艾瑞里、波·布朗森、伊森·沃特斯、斯科特·詹姆斯、莎娜·马哈菲、詹尼斯·库克·纽曼、苏珊娜·帕里、艾瑟尔·罗昂、卡梅伦·塔特尔、T. J. 斯泰尔斯、福瑞德·沃格斯坦、尤加利·凯恩、莫娜·科尔比。

感谢那些为我指明正确道路，并在我走上错误探寻之路时温和地予以指正的研究者们：耶鲁大学人性实验室的尼古拉斯·克里斯塔基斯博士；宾夕法尼亚大学沃顿商学院的西加尔·巴萨德博士；纽约大学的彼得·戈尔维策博士；斯坦福大学的夏襄克·乔希博士、阿尔伯特·班杜拉博士、詹姆斯·洛克博士；伊利诺伊大学的加里·斯卢特金博士；亚利桑那州大学的雪莉·托尔斯博士；吉姆·圣图奇、谢莉·吉兰以及Kara组织；儿童健康委员会的拉姆齐·卡索博士、罗莎莉·维特洛克博士、洛利·麦吉尔平；美国PTSD研究中心和弗吉尼亚州帕洛阿尔托医疗保健体系的艾瑞克·库恩；斯坦福大学塞西尔·H. 格林图书馆；帕特里克·库克·迪根和斯坦福大学d. school的研究；斯坦福大学哈索·普拉特纳设计学院；苏尼萨·曼宁的额外支持；布兰登马丁，辛迪·蒂德维尔，科恩·陶克思；PCI媒体影响公司的西恩·索西；以及情商教育学校。

感谢硅谷和北加州的创新者们，包括脸书的加里·布里格斯，霓虹灯实验室的索菲·勒布雷希特和妮可·哈尔米。

感谢我早期的读者和创意者们：托马尔·奥特尔曼、乔安娜·塞缪尔斯、爱利森·肖特维尔、詹娜·斯卡泰纳、梅丽萨·多德、罗杰·斯塔德利、谢丽尔·多林格·布朗、特丽·克拉维兹、詹姆斯·克拉维兹、卡琳·费尔德曼、保罗·费尔德曼、马修·德科斯泰、特拉维斯·彼得森、艾米·马格特、朱丽叶·凯利和尼克·盖斯勒。

感谢我为之奋斗的人：米米、亚历克和克罗艾。

感谢那些为我的写作提供一席之地的人：本书有一部分是在

卡斯特罗作家合作社写的；还有旧金山作家洞室、文学营作家会议、杰克逊家族在大苏尔的休闲寓所，以及加州伯克利的木星酒吧。

感谢你们所有人与我共同分享你们富有感染力的奉献精神、你们的善良，尤其是你们的智慧。